Spritzgießwerkzeuge mit SolidWorks effektiv konstruieren

Ulf Emmerich

Spritzgießwerkzeuge mit SolidWorks effektiv konstruieren

Mit realem Projekt Eiskratzer

2., aktualisierte und erweiterte Auflage

 Springer Vieweg

Ulf Emmerich
Hochschule Ansbach
Ansbach
Deutschland

Dieses Buch erschien in der ersten Auflage mit dem Titel Solid Works. Spritzgießwerkzeuge effektiv konstruieren.

ISBN 978-3-658-05062-7   ISBN 978-3-658-05063-4 (eBook)
DOI 10.1007/978-3-658-05063-4

Die Deutsche Nationalbibliothek verzeichnet diese Publikation in der Deutschen Nationalbibliografie; detaillierte bibliografische Daten sind im Internet über http://dnb.d-nb.de abrufbar.

Springer Vieweg
© Springer Fachmedien Wiesbaden 2008, 2014

Gedruckt auf säurefreiem und chlorfrei gebleichtem Papier

Springer Vieweg ist eine Marke von Springer DE. Springer DE ist Teil der Fachverlagsgruppe Springer Science+Business Media
www.springer-vieweg.de

Vorwort

Warum beschreibt jemand das Konstruieren von Spritzgießwerkzeugen? Reichen die Einführungslehrgänge der Software-Händler sowie die von den Normalien-Produzenten angebotenen Informationen nicht aus? Schließlich gibt es doch noch Online-Hilfen.

Ich glaube, dass da tatsächlich eine Lücke besteht: eine Lücke zwischen den Kenntnissen eines versierten SolidWorks-Konstrukteurs, zwischen den Befehlen, die SolidWorks für die Gusswerkzeugerstellung zur Verfügung stellt und zwischen den Möglichkeiten, welche die elektronischen Normalienkataloge bieten.

Wie kann diese Lücke geschlossen werden? Dieses Buch soll Ihnen dabei helfen. Es folgt dem Konstruktionsablauf vom Dateneingang des Formteils bis zur Werkzeugzeichnung und der Elektrodenkonstruktion. Aber auch das „Drumherum", die Automatisierung von Konstruktionsschritten, die FEM-Berechnung des Formteils und die Fließsimulation werden behandelt.

Zu Beginn wird die Hürde der Schnittstellen genommen. Über die kunststoffgerechte Modellaufbereitung geht es weiter. Ein Schwerpunkt liegt auf der Verwendung der Flächen-Modellierung zur Formnestgestaltung. Auf der Basis der Normalien unterschiedlicher Anbieter wird der Zusammenbau durchgeführt.

In der Zeit seit Erscheinen der ersten Auflage des Buches im Jahr 2008 hat sich das Arbeitsumfeld des Konstrukteurs weiterentwickelt. Die Software SolidWorks trägt dem mit vielen Veränderungen Rechnung.

Aus der Sicht des Werkzeugkonstrukteurs sind die Interessantesten:

- Die Einbindung der strukturmechanischen Berechnungen mit SolidWorks Simulation, die den Konstrukteur in die Lage versetzt, das Festigkeitsverhalten seines Bauteils im Betrieb vorauszusagen.
- Die Möglichkeit, mit SolidWorks Plastics Fließsimulationen durchzuführen und auf diese Weise das Verhalten des Thermoplasts im Werkzeug zu berechnen.

In das vorliegende Buch sind diese Entwicklung und viele weitere kleinere Anpassungen eingearbeitet worden. Die wesentliche Weiterentwicklung besteht aber in der Schärfung des Lehrbuchcharakters. Die Rückmeldungen, Fragen und Anregungen zur ersten Auflage

haben mir gezeigt, dass das Buch sowohl in der Ausbildung, also an Hoch- und Berufs-
schulen, aber auch im Selbststudium von Konstrukteuren verwendet wird.

Was bislang zu kurz kam, waren Aufgaben, anhand derer der Kenntnisstand überprüft
und vertieft werden konnte. Dies ist in dieser Auflage umgesetzt. In diesem Zusammenhang möchte ich auf die angegebenen Internetadressen hinweisen. Dort werden auch nach
Drucklegung des Buches weitere Arbeitsmaterialien entstehen – wie bereits nach der ersten Auflage geschehen.

Nun führen bekanntlich viele Wege zum Ziel – ich habe mich bemüht, einen interessan-
ten, abwechslungsreichen und informativen einzuschlagen.

Sie werden sich also auf eine „Konstruktionsreise" vom Formteil bis hin zum effektiv
auskonstruierten Werkzeug begeben. Viele Tipps aus der Praxis, Übungsbeispiele und in
der Werkzeugkonstruktion bewährte Arbeitstechniken sprechen sowohl erfahrene Konstrukteure als auch Neueinsteiger an.

Übrigens – scheuen Sie sich nicht, vom vorgeschlagenen Pfad abzuweichen und die
vielfältigen Möglichkeiten zu erforschen. Ich bin sicher, Sie werden davon profitieren.

Allen Lesern wünsche ich viel beruflichen Erfolg mit dem neuerworbenen Wissen.

Ein besonderer Dank für die freundliche Unterstützung zum Gelingen dieses Buches
gilt meinem Lektor, Herrn T. Zipsner.

Ansbach, 2014   Ulf Emmerich

Konventionen

Falls Sie sich schon längere Zeit mit SolidWorks beschäftigen, werden Sie festgestellt haben, dass die Programmentwickler recht änderungsfreudig bei der Gestaltung der Benutzeroberfläche sind.

Diese Kreativität überträgt sich auf die Anwender, die außerordentlich vielfältige Möglichkeiten vorfinden, den Bildschirm nach Ihren Vorstellungen zu strukturieren.

Die Folge davon ist, wie Sie sicherlich schon bei einem Blick über die Schulter eines CAD-Kollegen bemerkt haben, dass man sich auf fremden Benutzeroberflächen teilweise kaum noch zurecht findet.

Dies ist offensichtlich eine ungünstige Voraussetzung für ein Buch. Um also den größten gemeinsamen Nenner zu finden, wird im Folgenden eine ganz simple Einstellung verwendet. Wenn nicht im jeweiligen Kapitel anders vorgeschlagen, sind ausschließlich der Feature-Manager-Bereich und die Symbolleisten Standard, Features und Skizzieren aktiv. (Sie finden die entsprechenden Schalter unter Ansicht und Ansicht/ Symbolleisten).

Mit unterschiedlichen Textformaten bin ich sparsam umgegangen. Es kommen zum Einsatz:

- Registerkarten und Befehle, welche aus einem Menü ausgewählt werden. Diese sind *kursiv* dargestellt.
- Namen, die Sie i. d. R. frei wählen können. Sie werden **fett** gedruckt.

▶ **Tipp** Gelegentlich finden Sie einen Hinweis, der Ihnen die Arbeit erleichtern soll, optisch gekennzeichnet durch diese Darstellung.

In SolidWorks existiert praktisch zu jedem Befehl eine Ikone. Nur da, wo es mir sinnvoll erscheint, habe ich die Ikone vor den Text herausgezogen.

Ich habe mich bemüht, jedes Kapitel mit der Motivation („für was verwendet man das eigentlich?") beginnen zu lassen. Dies soll Ihnen helfen abzuschätzen, ob das Kapitel für Ihre tägliche Arbeit hilfreich ist oder ob Sie es überspringen.

Am Ende jeden Kapitels finden Sie einen Verweis auf die verwendeten Dateien und die Speicherorte. Es ist jeweils der Konstruktionsstand „davor" und „danach" abgebildet, sodass Sie an jedem Kapitel einspringen können.

Die zum Einspringen benötigten Dateien sind auf dem Server des Verlages bereitgestellt. Im Laufe der Zeit werden evtl. Zusatzmaterialien entstehen. Daher lohnt ein Blick auf meine Seite www.fh-ansbach.de/csk. Ich habe mich bemüht, eine geringe Gliederungstiefe zu verwenden. Trotzdem kann es passieren, dass, abhängig vom Speicherort auf Ihrem Computer, Referenzen nachgebessert werden müssen.

Jedes Hauptkapitel startet mit einem Unterkapitel „Kurz gefasst." Es ist vielleicht kein schlechter Einstieg in die jeweilige Thematik, zuerst einmal dort hineinzuschauen. Auf diese Weise erkennen Sie auf einen Blick, was Sie erwartet.

Dieses Buch basiert auf der Version SolidWorks 2013.

Übrigens: Die beschriebene Konstruktion ist keine Trockenübung – das Werkzeug und die Eiskratzer wurden bei uns tatsächlich produziert.

Inhaltsverzeichnis

Wenn Sie mit der Konstruktion eines Spritzgießwerkzeuges beginnen, starten Sie bestimmt nicht bei null. Der Datensatz des Bauteils liegt bereits vor, die Normalien existieren in Form eines CAD-Normalienkatalogs und auch für die Zeichnungserstellung gibt es konkrete Vorgaben von Seiten der Kunden.

Es ist die Aufgabe des Werkzeugkonstrukteurs, die Elemente effektiv miteinander zu verknüpfen. Und diese beginnt üblicherweise mit dem Datenimport. Leider gilt hier die alte Weisheit, „aller Anfang ist schwer".

Im besten Fall ist die Sache mit ein paar veränderten Schalterstellungen erledigt, im schlechtesten Fall steht nach längeren vergeblichen Bemühungen das Eingeständnis, dass es mit den vorliegenden Daten nun wirklich nicht weitergeht. (Aber glücklicherweise hilft SolidWorks auch in diesem Fall).

Besitzen Formteilkonstrukteur und Werkzeugkonstrukteur nicht das gleiche CAD-System, beginnt die Sache häufig mit der ganz unverfänglichen Frage: „In welchem Format möchten Sie die Daten denn gerne haben?" Und schon steht eine folgenreiche Entscheidung an.

Unter *Datei, Öffnen* befindet sich der Schalter *Dateityp* **Alle Dateien**. Wird dieser aktiviert, öffnet sich ein längeres Auswahlmenü. (Oder Sie klicken direkt auf die Ikone aus der Standard-Menüleiste), Abb. 1.1.

Grundsätzlich gibt es drei verschiedene Möglichkeiten CAD-Daten zu übersetzen. Die erste Möglichkeit sind so genannte Direktschnittstellen. Diese Schnittstellen werden von den Herstellern der CAD-Programme ihrem Produkt direkt einprogrammiert, natürlich mit dem Hintergrund, ihr Produkt attraktiv zu machen. Denn die Fähigkeit, mit Kunden und Lieferanten zu kommunizieren, ist eine wesentliche Eigenschaft jedes CAD-Systems. SolidWorks bietet, wie man sieht, eine Reihe von Direktschnittstellen an, zum Beispiel zu *PTC Creo* oder *Solid Edge*. Eine gute Direktschnittstelle löst die Konstruktion möglichst

U. Emmerich, *Spritzgießwerkzeuge mit SolidWorks effektiv konstruieren,*
DOI 10.1007/978-3-658-05063-4_1, © Springer Fachmedien Wiesbaden 2014

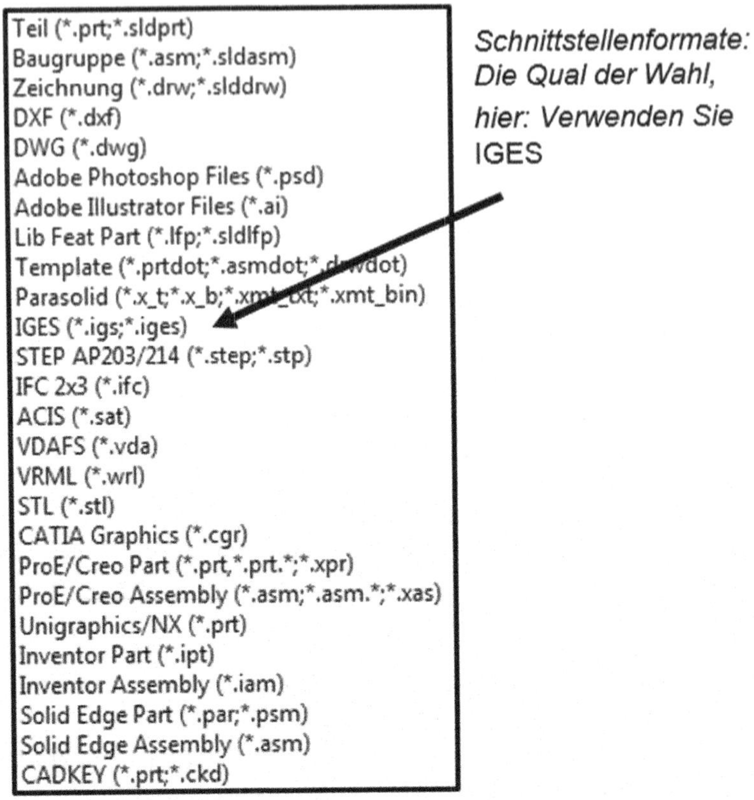

```
Teil (*.prt;*.sldprt)
Baugruppe (*.asm;*.sldasm)
Zeichnung (*.drw;*.slddrw)
DXF (*.dxf)
DWG (*.dwg)
Adobe Photoshop Files (*.psd)
Adobe Illustrator Files (*.ai)
Lib Feat Part (*.lfp;*.sldlfp)
Template (*.prtdot;*.asmdot;*.drwdot)
Parasolid (*.x_t;*.x_b;*.xmt_txt;*.xmt_bin)
IGES (*.igs;*.iges)
STEP AP203/214 (*.step;*.stp)
IFC 2x3 (*.ifc)
ACIS (*.sat)
VDAFS (*.vda)
VRML (*.wrl)
STL (*.stl)
CATIA Graphics (*.cgr)
ProE/Creo Part (*.prt,*.prt.*;*.xpr)
ProE/Creo Assembly (*.asm;*.asm.*;*.xas)
Unigraphics/NX (*.prt)
Inventor Part (*.ipt)
Inventor Assembly (*.iam)
Solid Edge Part (*.par;*.psm)
Solid Edge Assembly (*.asm)
CADKEY (*.prt;*.ckd)
```

Schnittstellenformate:
Die Qual der Wahl,
hier: Verwenden Sie
IGES

Abb. 1.1 Schnittstellenformate

originalgetreu in die ursprünglichen Konstruktionsschritte auf und bildet diese (wenn auch selten fehlerfrei) im Featurebaum ab.

Eine zweite Möglichkeit ist die Verwendung von neutralen Datenschnittstellen. Eine praktische Bedeutung haben dabei insbesondere *IGES* und *STEP*. *STEP* ist eine recht fortschrittliche europäische Entwicklung, sie gilt daher bei den meisten Konstrukteuren als „smarter" als die amerikanische *IGES*-Schnittstelle. Das „AP203/214" hinter dem Kürzel *STEP* steht für „Anwendungsprotokoll" und gibt einen „Dialekt" der Schnittstelle an – er sollte für die üblichen Formteile jedoch keine Bedeutung haben.

Zu guter Letzt besteht auch die Möglichkeit, den mathematischen Kern des CAD-Systems für die Übersetzung der Daten zu verwenden. Der Hintergrund ist folgender: Die meisten Anwendungen im CAD-Umfeld, also zum Beispiel die verschiedenen CAM-Bearbeitungsprogramme basieren auf wenigen mathematischen Kernen. Bekannt sind *ACIS* , (*.sat) und *Parasolid* (*.x_t).

Welche der Schnittstellen zum größten Erfolg führt? Darauf gibt es keine eindeutige Antwort. Dennoch ist der Konstrukteur der Software nicht hilflos ausgeliefert und es wird an Hand von einem Beispiel durchgespielt, wie ein befriedigendes Ergebnis erreicht werden kann.

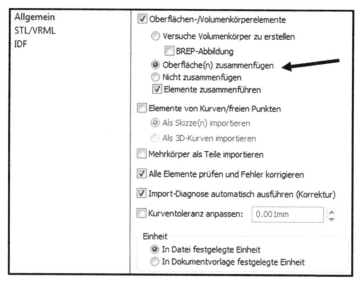

Abb. 1.2 Import-Optionen

1.1   Einlesen und Korrigieren: Aufbereitung einer IGES-Datei

Einmal angenommen, die im letzten Kapitel gestellte Frage nach dem Datenformat wäre mit „bitte schicken Sie mir die Daten im IGES-Format" beantwortet worden. Dann würde sich nun ein Datensatz namens **Kratzer.igs** auf ihrem Computer befinden.

Sie finden die Ausgangsdateien jeweils im Dateiordner des Hauptkapitels, hier also **Kap. 1**. Der Konstruktionsstand am Kapitelende ist üblicherweise der Startpunkt für das nächste Kapitel. Sollten Sie also am (Konstruktions-) Ziel mehr interessiert sein, als am (Konstruktions-) Weg, so finden Sie die auskonstruierte Datei im nächsten Kapitel.

Kopieren Sie die Datei **Kratzer.igs** auf Ihren Rechner und klicken Sie auf *Datei, öffnen*. Begehen Sie nicht den Fehler, unter *Dateityp* die Auswahl *alle Dateien* anzuwählen. Schauen Sie sich an, wie sich das Menü verändert, wenn Sie stattdessen die geschicktere Auswahl, also in diesem Fall *IGES* anklicken. Unter den *Optionen* werden daraufhin die IGES-bezogenen Möglichkeiten angezeigt, Abb. 1.2.

> **Tipp** Die Voreinstellung ist so gewählt, dass der Konstrukteur – bei korrekten Daten – mit einem Klick auf *ok* schon am Ziel ist. Möglich ist es jedoch, dass das Programm auf diese Weise einem ohnehin schon schlechten Datensatz weitere Fehler zufügt.

Wer sich nicht auf „trial-and-error" verlassen möchte, dem sei der folgende Weg empfohlen: Setzen Sie den Schalter *Oberfläche(n) zusammenfügen*, d. h. verhindern Sie den Versuch des Programms, selbstständig einen Volumenkörper zu erzeugen und deaktivieren Sie *Importdiagnose automatisch durchführen*.

Nach Abschluss des Befehls mit *ok* und *Öffnen* liest SolidWorks die IGES-Datei ein, *Dateiparsing* genannt. Dieser Vorgang kann bei größeren Dateien durchaus etwas mehr Zeit in Anspruch nehmen. Im Verlauf der Aktion wird der Bediener noch einmal gefragt, ob die Importdiagnose durchgeführt werden soll. Die Antwort lautet *nein*.

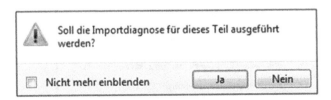

Das Bauteil entsteht auf dem Bildschirm, wie befohlen jedoch kein Volumenkörper, sondern sozusagen die Hülle, ein Oberflächenkörper. Sie können dies im Featurebaum verfolgen.

CAD-Systeme sind an dieser Stelle äußerst kritisch. Schon kleinste Fehler in der Oberfläche verhindern die erfolgreiche Erstellung eines Volumenkörpers, Solid genannt.

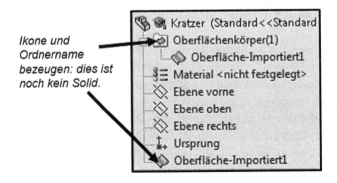

Gerade wenn Sie noch nicht so häufig mit Oberflächen gearbeitet haben, werden Sie schon einmal den Blick dafür verlieren, ob es sich noch um einen Oberflächenkörper oder schon um einen Solid handelt.

▶ **Tipp** Um auf einfache Weise zu prüfen, ob es sich bei einem Körper um eine Oberfläche oder ein Volumen handelt, bietet sich die Schnittansicht an (*Ansicht/ Anzeige/Schnittansicht*). Ein Oberflächenkörper wird als Haut dargestellt, ein Solid dagegen massiv.

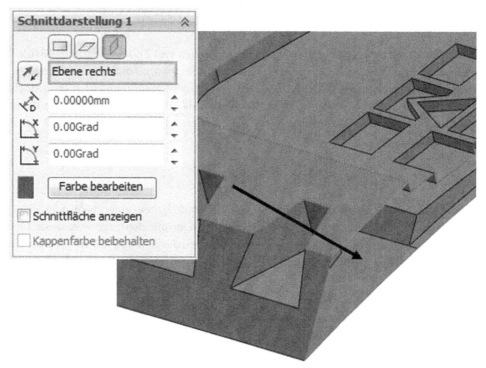

Abb. 1.3 Schnitt eines Oberflächenkörpers – freier Blick ins Innere

Wenden Sie den Tipp einmal an. Der Befehl *Ansicht/Anzeige/Schnittansicht* oder die entsprechende Ikone bringt Sie in das dargestellte Menü. Die **Ebene Rechts** schneidet das Modell mittig. Im Bild stellt sich das Modell als Haut dar. Wird der Befehl mit dem grünen Haken abgeschlossen, springt die Ansicht wieder zurück. Schnittansichten von Oberflächenkörpern existieren also nur temporär, Abb. 1.3.

Doch Vorsicht, der Befehl *Schnittansicht* ist noch aktiv! Sie müssen ihn durch wiederholtes Anklicken zurücksetzen.

In der Werkzeugkonstruktion ist es absolut notwendig, mit Solids und mit Flächen zu arbeiten. Es ist daher hilfreich, zu Beginn öfters einmal einen Blick auf den Featurebaum zu werfen, um zu verfolgen, wie er sich verändert. Bei unserem Kratzer wird als letztes Feature eine Fläche mit Namen **Oberfläche-Importiert1** angelegt. Diese Fläche wird weiter oben in den Ordner **Oberflächenkörper(1)** eingetragen. Ein wie immer geartetes Volumenmodell ist in unserem Beispiel noch nicht entstanden.

1.2 Importdiagnose – Qualität der Eingangsdaten

Führen Sie zuerst eine Sichtkontrolle durch. Beim Drehen und Zoomen macht das Bauteil einen ganz guten Eindruck (würde es das nicht, könnte man versuchen, es mit anderen Voreinstellungen einzulesen). Die letzte Gewissheit, ob alles in Ordnung ist, bietet jedoch nur der Befehl *Importdiagnose*. Er ist am Leichtesten dadurch zu erreichen, dass auf das Modell mit der rechten Maustaste geklickt wird. In der Befehlsleiste findet er sich unter *Extras/Importdiagnose*.

Nach Abschluss des Befehls und, abhängig von der Modellgröße, einer mehr oder weniger langen Rechenzeit, öffnet sich der Property-Manager mit den Ergebnissen der Importdiagnose. Bei einem völlig fehlerfreien Modell wären die Listen zu *Fehlerhafte Flächen und Lücken zwischen Flächen* leer. Im vorliegenden Beispiel findet sich jedoch den Eintrag **Fläche<1>**.

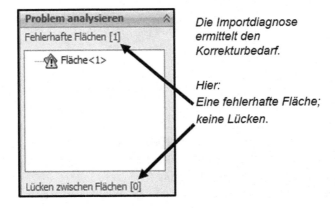

Die Importdiagnose ermittelt den Korrekturbedarf.

Hier:
Eine fehlerhafte Fläche; keine Lücken.

Zwar bietet SolidWorks auch hier den Befehl *Versuch, alles zu korrigieren* an, Sie sollten sich jedoch anhand dieses übersichtlichen Beispiels mit der Vorgehensweise für komplizertere Fälle vertraut machen.

Als erstes stellt sich die Frage, um welche Fläche es sich eigentlich handelt.

Wird die Maus über den Eintrag **Fläche<1>** bewegt, so erscheint am Cursor die Information *allgemeines Geometrieproblem*. Der Klick mit der rechten Maustaste öffnet ein Befehlmenü mit dem Eintrag *Zoomen auf Auswahl*. Nun erscheint die Problemfläche eingefärbt und aktiviert; zusätzlich dreht sich das Modell in eine Position, in der die Fläche auch tatsächlich sichtbar ist.

Abb. 1.4 Die fehlerhafte Rippe

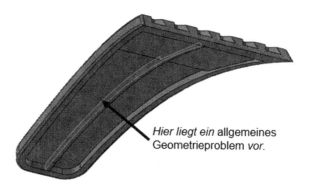

Hier liegt ein allgemeines Geometrieproblem *vor.*

Für kompliziertere Reparaturen bieten sich eine Reihe von Oberflächenwerkzeugen an, hier z. B. das Löschen der Oberfläche und Ersetzen durch eine neue. Sie werden jedoch diese Werkzeuge zu einem späteren Zeitpunkt intensiv anwenden, sodass hier der einfache und naheliegende Weg eingeschlagen wird: Ein erneuter Rechtsklick auf **Fläche < 1 >** im Property-Manager bringt Sie zum Befehl *Fläche reparieren*. Tatsächlich gelingt die automatische Reparatur, der Eintrag im Feature-Manager bekommt einen grünen Haken und in der Überschrift lesen Sie auf grünem Hintergrund: *Es liegen keine weiteren fehlerhafte Flächen oder Lücken in der Geometrie mehr vor.*

Nach der Korrektur des letzten (und einzigen) Fehlers hat sich einiges im Feature-Manager getan. Die Flächen werden als geschlossen erkannt und daraus ein Solid gebildet. Dies drückt sich darin aus, dass der letzte Eintrag im Featurebaum nun **Importiert1** lautet, gekennzeichnet mit der Solid-Ikone, der Ordner **Oberflächenkörper** verschwunden ist und ein neuer Ordner **Volumenkörper** erstellt wurde. Das Ziel ist erreicht: Es ist gelungen, aus einem durch Flächen beschriebenen IGES-Körper, ein fehlerfreies Volumen zu erzeugen, Abb. 1.4.

Da im Konstruktionsalltag überwiegend mit Volumenkörpern gearbeitet wird, werden diese im Featurebaum in der Standardeinstellung gar nicht angezeigt. Um sie sichtbar zu machen wählen Sie *Extras/Optionen/Systemoptionen/FeatureManager*. Dort befindet sich unter *Volumenkörper* der Eintrag **Einblenden**.

Mit dem Abspeichern wird aus dem Oberflächenkörper ein SolidWorks-Modell – fast – wie jedes andere. Den Unterschied zeigt der Feature-Manager: Der gesamte Aufbau des Modells fehlt. Es ist ein reiner Klotz, der zwar nach allen Regeln der Kunst bearbeitet werden kann, bei dem aber auch keinerlei Detaillierungen, wie z. B. der Schriftzug, die Radien oder die Schrägen als Feature anwählbar sind.

Das erste Ziel ist erreicht: Aus der Hülle (Oberflächenkörper) ist ein Solid (Volumenkörper) entstanden.

Bevor das Kapitel endet, soll noch der Frage nachgegangen werden, wie mit dem Problem umzugehen ist, falls der Import nicht wie im gegebenen Beispiel recht gut, sondern nur unter einer Unmenge von Fehlern gelingt und spätestens bei der Korrektur aus Zeitgründen kapituliert werden muss.

Für diesen Fall bietet SolidWorks den Befehl *Extras/Prüfen*. Dabei kann noch näher spezifiziert werden, was genau geprüft werden soll, in diesem Beispiel passt jedoch die Grundeinstellung.

Die gesamte Geometrie (oder Teile davon, je nach Wahl) wird auf verschiedene Merkmale geprüft. Die Fehler werden in einer Ergebnisliste dargestellt. Zwar löst das Auflisten aller Fehler keinen einzigen davon, es sollte jedoch eine Argumentationshilfe gegenüber dem Datenlieferanten sein, denn grundsätzlich lassen sich beim Herausschreiben der Modelle über die Schnittstelle durch geeignete Wahl von Parametern viel einfacher Fehler vermeiden, als später beim Einlesen wieder korrigieren, Abb. 1.5.

Die Bauteil-Datei finden Sie im Ordner **Kap. 1** unter der Bezeichnung **Kratzer-igs. sldprt**.

1.3　Reengineering – Konstruktionsschritte nachbilden

Ein offensichtliches Problem importierter Modelle ist die fehlende Konstruktionsinformation, der fehlende Featurebaum. Es gibt Ausnahmen, z. B. die PTC Creo-Direktschnittstelle, welche die Erzeugung des Modellbaums versucht, bei neutralen Datenschnittstellen wie IGES oder Parasolid geschieht dies jedoch nicht. Am Ende des Datenimports wird entweder ein Oberflächenkörper oder ein solider Volumenkörper erstellt.

Bei nicht allzu komplizierten Modellen, genauer gesagt, bei Modellen, die im Wesentlichen auf einfachen geometrischen Körpern basieren, ist mit Hilfe der Zusatzanwendung FeatureWorks ein Reengineering im besten Sinne des Wortes, also eine nachträgliche Auflösung des soliden Volumenkörpers in Konstruktionsschritte möglich.

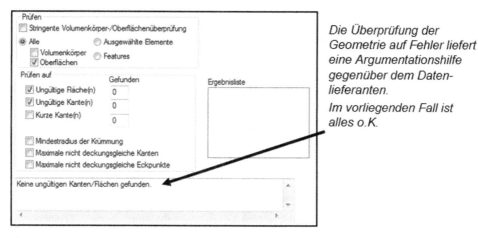

Die Überprüfung der
Geometrie auf Fehler liefert
eine Argumentationshilfe
gegenüber dem Daten-
lieferanten.

Im vorliegenden Fall ist
alles o.K.

Abb. 1.5 Element prüfen

Abb. 1.6 Eine typische Normalie

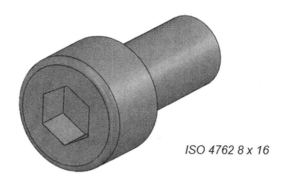

ISO 4762 8 x 16

Im vorliegenden Beispiel soll eine Normalie, eine Innensechskantschraube, aus einer IGES-Datei in eine sinnvoll parametrisierte SolidWorks-Datei übersetzt werden, Abb. 1.6.

Aktivierten Sie die Zusatzanwendung (*Extras/Zusatzanwendungen/FeatureWorks*). Öffnen Sie die IGES-Datei **Schraube 8 × 16.igs** aus dem Ordner **Kap. 1**. (Damit die Datei aufgelistet wird, muss unter *Datei/Öffnen* der Dateityp *Alle Dateien* oder *IGES-Dateien* eingestellt sein).

Quittieren Sie, falls erforderlich, die Frage nach der Importdiagnose mit **ja**. Evtl. wird nun ein Fehler angezeigt, der jedoch mit *Versuch, alles zu korrigieren* behoben wird. Im Featurebaum taucht daraufhin die Solid-Ikone auf.

Starten Sie das Reengineering, indem Sie die Frage *Mit Feature – Erkennung fortfahren* mit **ja** quittieren. Bei sehr einfachen Konstruktionen führt auch die Einstellung *Automatisch*

zu einem, wenn auch zufälligen, Ziel. Hier soll das Modell jedoch für eine weitere Parametrisierung gezielt aufbereitet werden. Wählen Sie daher *Erkennungsmodus/Interaktiv* und unter *Feature-Gruppe* den Eintrag *Standard-Feature*.

Nun wird eine Liste von analysierbaren Features angezeigt. Gemäß der Devise „rückwärts konstruieren" beginnt man mit den Detaillierungen, mit denen üblicher Weise geendet wird – hier sind dies die Verrundungen.

Aufsatz-Linear austragen
Schnitt-Linear austragen
Aufsatz-Rotation
Schnitt-Rotation
Verrundung/Rundung
Fase
Verstärkungsrippe
Formschräge
Bohrung
Wandung
Aufsatz-Austragung
Schnitt-Austragung
Basis-Ausformung
Volumen-Feature

SolidWorks liefert eine umfangreiche Liste von analysierbaren Features

Wählen Sie den Listeneintrag *Verrundung/Rundungen*, klicken Sie im Grafikbereich auf die zwei (!) Rundungsflächen am Übergang vom Kopf zum Schaft und schließen Sie den Befehl mit *Erkennen* ab, Abb. 1.7.

Es ist nicht notwendig, die Maske nach jedem analysierten Konstruktionsschritt zu verlassen. Um die Funktion des Befehls kennen zu lernen, schließen Sie das Menü dieses Mal jedoch mit dem Befehl *ok* (grüner Haken) ab.

Im Featurebaum ist der Eintrag **Verrundung 1** angelegt worden, der nach allen Regeln der (CAD-) Kunst bearbeitet werden kann – z. B. die Erhöhung des Radius von 0,4 auf 0,5 mm.

Auf diese Weise lässt sich die gesamte Konstruktion aufbereiten. Starten Sie die Erkennung mit *Einfügen/FeatureWorks/Featureerkennung* erneut, und lösen Sie nacheinander wie folgt auf:

- *Verrundung/Rundungen*: den Radius am Schraubenkopft
- *Schnitt-Linear austragen*: den Sechskant (klicken Sie dabei auf die Bodenfläche)

Es bleiben zwei triviale Zylinder übrig. Ein Zylinder lässt sich auf zwei Arten darstellen; entweder als linear ausgetragener Kreis oder als rotierender Querschnitt. Für eine Weiterverwendung des Bauteils (Kap. 7.1 Konstruktionsbibliothek, Kap. 7.3 Varianten und Tabellen) ist es sinnvoll, diese Körper als *Aufsatz-Rotation* darzustellen.

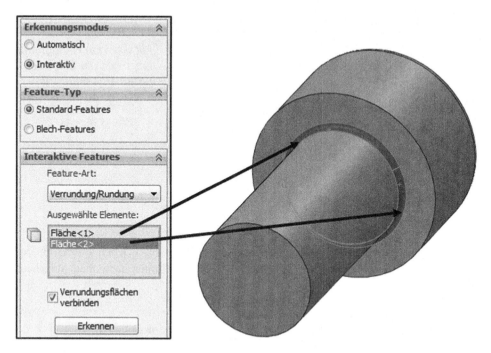

Abb. 1.7 Erstes Feature: *Verrundung*

Aktivieren Sie eine zylindrische Fläche. Wählen Sie die Option *Rotierende Flächen verbinden* und schließen Sie den Befehl mit *Erkennen* ab. Lassen Sie die Features mit *ok* (grüner Haken) erzeugen.

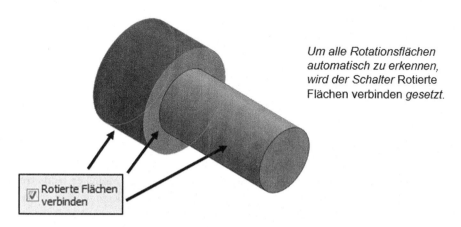

Mit ein wenig Nacharbeit lässt sich die Skizze des Querschnitts in eine Form bringen, wie sie z. B. für die Erzeugung von Konfiguration (s. Kap. 7.3) erforderlich wäre, Abb. 1.8.

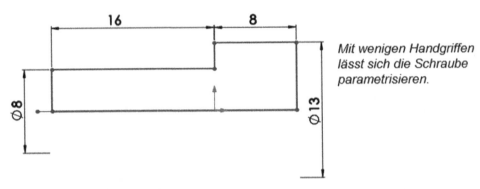

Mit wenigen Handgriffen lässt sich die Schraube parametrisieren.

Abb. 1.8 Auf dem Weg zur Normschraube

Die gesamte ehemalige IGES-Geometrie ist durch Features beschrieben. Interessant dabei ist, dass der Featurebaum tatsächlich rückwärts, also von unten nach oben, aufgebaut wird.

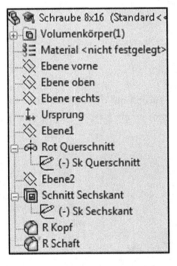

Das Ziel ist erreicht: aus der IGES-Geometrie ist ein SolidWorks-Bauteil entstanden.

Die fertige Bauteildatei finden Sie im Ordner **Kap. 1**.

Die Vorteile der Feature-Erkennung liegen auf der Hand – dennoch soll nicht verschwiegen werden, dass die Grenzen der Methode bei komplexen Modellen bald erreicht sind. Nur selten wird es möglich sein, auf diese Weise als Werkzeugkonstrukteur die schlechte Vorarbeit eines Datenlieferanten oder einer Schnittstelle „auszubügeln".

1.4 Konstruktionsübung

Dateien importieren; Fehler korrigieren; Fläche reparieren; Features erkennen

Eine Normalie (Schlauchtülle) liegt im IGES-Format vor. Sie soll in SolidWorks importiert und ein Konstruktionsbaum abgeleitet werden.

*   Importieren Sie die Datei Schlauchtuelle.igs aus dem Ordner Konstruktionsübungen mit der Import-Option Oberflächen zusammenfügen und führen Sie die Import-Diagnose durch. Wie viele bzw. welche Fehler liegen vor?
*   Korrigieren Sie den/die Fehler mit Fläche reparieren und erstellen Sie einen Volumenkörper (Solid).
*   Bereiten Sie die Konstruktion mit FeatureWorks/Featurerkennung in Konstruktionsschritte auf. Sinnvolle Lösungsschritte können z. B. sein:
    Fase 1; Fase 2; Bohrung; Sechskant-Verrundung; Zylinder austragen; Sechskant austragen, Rotation

Ein Video zur Konstruktionsübung sowie Verständnisfragen zu diesem Kapitel finden Sie unter www.hs-ansbach.de/csk oder diesem QR-Code:

Modellaufbereitung

2

Anders als im vorhergehenden Kapitel ist der Eiskratzer tatsächlich mit SolidWorks modelliert, es handelt sich also um ein natives Modell. Nach dem Aufruf des Modells (Ordner: **Kap. 2**; Dateiname: **Kratzer.sldprt**) sollte eine Analyse mit *Extras/Prüfen* stattfinden. Ein Blick auf den Feature-Manager zeigt den Aufbau des Modells. Es handelt sich um einen einzelnen Volumenkörper.

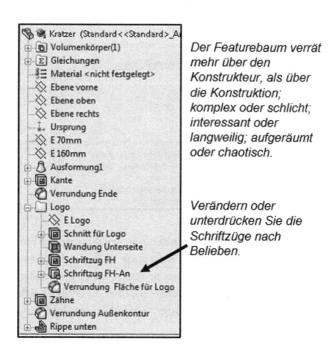

Der Featurebaum verrät mehr über den Konstrukteur, als über die Konstruktion; komplex oder schlicht; interessant oder langweilig; aufgeräumt oder chaotisch.

Verändern oder unterdrücken Sie die Schriftzüge nach Belieben.

U. Emmerich, *Spritzgießwerkzeuge mit SolidWorks effektiv konstruieren*,
DOI 10.1007/978-3-658-05063-4_2, © Springer Fachmedien Wiesbaden 2014

Unterdrücken Sie die Features, die für Sie keine Relevanz haben; in diesem Modell den Schriftzug HS-Ansbach. Dadurch werden alle Rechenoperationen ein wenig schneller (oder aber verändern Sie das Logo nach Ihrem Geschmack).

▶ **Tipp** Dies ist nicht nur eine Spielerei: Wenn von vornherein klar ist, dass Schriftzüge ohnehin auf anderem Weg erzeugt werden (z. B. mit Datumsstempeln),
   dann wäre es sehr ungeschickt, diese Detaillierung durch die ganze Werkzeugkonstruktion mitzuziehen.

2.1 Positionierung des Bauteils im Raum

Die Aufgabe des Werkzeugkonstrukteurs nach dem erfolgreichen Import des Modells ist es, es für die Gießform geeignet aufzubereiten. Doch die Formteilkonstruktion nimmt auf die Belange des Werkzeugkonstrukteurs üblicherweise nicht besonders viel Rücksicht. Dies äußert sich zuerst einmal in der Position des Bauteils im Raum. Häufig gehört das Bauteil zu einer größeren Baugruppe, die den Nullpunkt und die Achsen (von SolidWorks *Refe-renztriade* genannt) vorgibt.

Eine wichtige Einstellung, gut versteckt: Setzen Sie den Haken bei Referenztriade anzeigen.

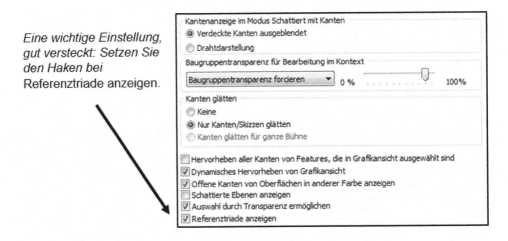

Bei Einzelteilen ist es häufig einfach so, dass der Konstrukteur das Teil in der Lage kons-truiert, in der es im Raum liegt. Auch der Eiskratzer ist in der Lage konstruiert, wie er üblicherweise auf einer Fläche läge. Um dies zu testen, ist es notwendig, das räumliche Koordinatensystem, also die Referenztriade einzuschalten. Es befindet sich etwas versteckt unter *Extras/Optionen/Systemoptionen/Anzeige/Auswahl*, wie im Bild dargestellt.

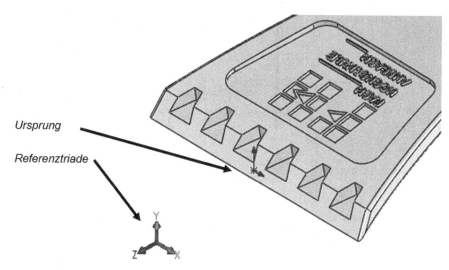

Ursprung

Referenztriade

Abb. 2.1 Räumliche Lage (1)

Setzen Sie den Haken bei *Referenztriade anzeigen*.

Die Referenztriade ist etwas anderes als das Bauteil-Koordinatensystem. Sie ist ausschließlich dazu gedacht, auf dem Bildschirm die drei Raumachsen darzustellen. Anders gesagt: auch wenn das Bauteil verschoben wird, bleibt die Referenztriade immer unten links auf dem Bildschirm stehen.

Der Bauteil-Nullpunkt, *Ursprung* genannt, gehört dagegen zum Bauteil. Der zugehörige Schalter befindet sich unter *Ansicht/Ursprünge*. (Falls der Ursprung nun immer noch nicht zu sehen ist, liegt es daran, dass im Feature-Bereich der Eintrag *Ursprung* abgewählt ist. Mit einem Rechtsklick auf den Eintrag und dem Befehl *einblenden*, sollte nun alles dargestellt werden.

Wählen Sie nun noch die Ansicht, die der Sehgewohnheit am ehesten entspricht, die Isometrie, (*Ansicht/Modifizieren/Ausrichtung/Isometrisch* oder die Ikone im Menü *Ansicht*) dann erscheint der Eiskratzer wie in Abb. 2.1 dargestellt.

Das Modell liegt auf der **Ebene Oben**, der x-z-Ebene. Der Vorteil dieser Positionierung liegt auf der Hand: Die im Menü *Ansicht* vorgegebenen Befehle entsprechen der Wahrnehmung des Betrachters, d. h. wenn Sie *Links* oder *Rechts* anklicken, dann sehen Sie das Modell auch von links oder rechts. Der Nullpunkt befindet sich an der Kante in der mittleren Symmetrie-Ebene – auch dies ist eine Wahl, die die Konstruktion sicherlich erleichtert hat.

Bis der Eiskratzer jedoch als Spritzgießteil auf einem realen Tisch liegt, ist es noch ein weiter Weg, und stellt sich die Frage, ob die Positionierung für den Werkzeugbau sinnvoll ist.

Entformungsrichtung

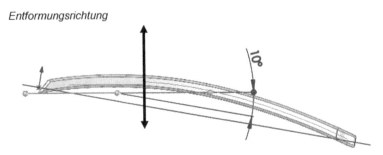

Abb. 2.2 Räumliche Lage (2)

Das Maß aller Dinge ist in diesem Zusammenhang die Entformung des Teils. In unserem Beispiel soll die Entformung senkrecht zur Fläche mit dem Logo gewählt werden, Abb. 2.2. (Ansonsten würden sich am Schriftzug Hinterschnitte ergeben).

Dies hat zur Folge, dass die Referenztriade schief im Raum liegt. Man wird im Folgenden das Teil neu positionieren müssen. Aber in welche Richtungen sollen die Achsen dann am besten zeigen?

Darauf gibt es verschiedene Antworten, je nach Blickwinkel des Betrachters. Wie im vorliegenden Beispiel dargestellt, biete sich für die Konstruktion des Artikels die „natürliche" Lage (also z. B. wie auf einem Tisch liegend) an. Gehört das Bauteil zu einer Baugruppe (wie z. B. die Auswerferstifte zur Auswerferseite), liegt die Verwendung der Ausrichtung der Baugruppe nah. In diesem Fall wird man sich an den Vorgaben des Normalienherstellers orientieren.

Soll das Teil später in einer Werkzeugmaschine erzeugt werden (z. B. die Elektroden für die Funkenerosion), so ist dort die Hauptbearbeitungsachse in der Regel die z-Achse. Es wird sich also anbieten, das Bauteil von vornherein in diese Position zu bringen.

Ein Spritzgießwerkzeug besteht zum ganz überwiegenden Teil aus Normalien. Hier wird daher die Vorgehensweise gewählt, das Bauteil so zu positionieren, dass es sich später ohne größeren Aufwand in die Menge der Normalien einfügt. Für das Werkzeug werden überwiegend Normalien der Firma Hasco verwendet. Als Schnittstelle zu SolidWorks wird das Hasco-Daco-Modul verwendet. Und dort ist es so eingerichtet, dass die Schließbewegung des Werkzeuges in der x-Achse liegt, die y-Achse nach oben zeigt und die z-Achse dem Betrachter entgegen kommt.

2.1.1   Drehung im Raum (1)

Häufig tritt der Fall auf, dass das Bauteil in einem Schnittstellenformat vorliegt oder weitergegeben wird. Wird eine solche Datei abgespeichert oder eingelesen, so findet sich in den Optionen die Möglichkeit, ein Koordinatensystem zu wählen. Diese Funktion machen Sie sich zu Nutze, um das Bauteil werkzeuggerecht in den Raum zu legen, Abb. 2.3.

Abb. 2.3 Norma-
lien-Koordinaten

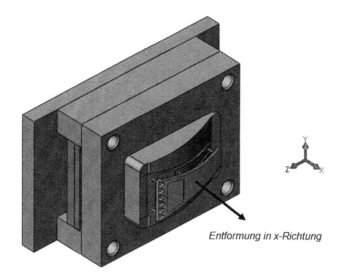

Entformung in x-Richtung

▷   **Tipp** Unter *Ansicht* befinden sich zwei Schalter, die bei dieser Operation unbedingt aktiviert sein sollten: *Ursprünge* und *Koordinatensysteme*. Etwas später
werden wir aus einem Teil eine Baugruppe erstellen – in der neuen Baugruppe
müssen Sie die beiden Schalter ebenfalls aktivieren. (Achten Sie auch darauf,
dass die *Referenztriade* sichtbar ist).

Mit dem Befehl *Einfügen/Referenzgeometrie/Koordinatensystem* öffnet sich ein umfangreiches Menü.

Es bietet sich zunächst einmal an, den Ursprung da zu belassen, wo er sich im Original
befindet. Dazu wird er angeklickt oder aber im aufklappenden Menü ausgewählt. Nun sind
noch zwei Richtungen für die Koordinatenachsen durch Auswahl geeigneter Kanten oder
Flächen notwendig. Aber aufgepasst! Falls eine davon im Laufe des Konstruktionsprozes-
ses verschwindet, gibt es ein Problem. Die Auswahl will daher gut überlegt sein.

*Sie können die Einträge
entweder durch
Anklicken im
Grafikbereich oder im
aufklappenden Menü
auswählen.*

*Die zweite
Vorgehensweise ist
jedoch wesentlich
weniger fehleranfällig!*

Auswahl	⌃
↳	Punkt1@Ursprung
	X-Achse:
↗	E Logo
	Y-Achse:
↗	Ebene rechts
	Z-Achse:
↗	

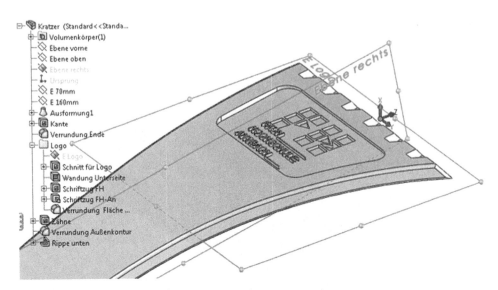

Abb. 2.4 Ausrichten im Raum

Ein Blick auf Abb. 2.3 hilft weiter. Die x-Achse soll in Entformungsrichtung zeigen, die y-Achse nach oben. Wählen Sie die Flächen, wie in Abb. 2.4 dargestellt.

Vergleichen Sie die entstehende Referenztriade mit der gewünschten Ausrichtung aus Abb. 2.4. Passt alles? Ggf. zeigt die eine oder andere Achse in die entgegengesetzte Richtung. Dies korrigiert man mit dem Schalter *Achsen-Richtung umkehren*.

Schließen Sie den Befehl ab, gehen Sie danach in den Featurebaum und versehen Sie den neu entstandenen Eintrag **Koordinatensystem1** mit einem aussagestärkeren Namen, z. B. **KS_Werkzeug**.

Wenn Sie diese Datei in einem Schnittstellenformat abspeichern, z. B. in STEP mit Hilfe des Befehls *Datei/Speichern unter*, und dann den Schalter für *Optionen* aufrufen, können Sie das neu erstellte Koordinatensystem **KS_Werkzeug** auswählen.

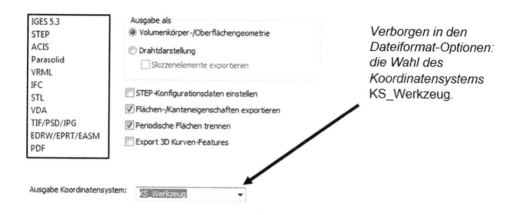

Eine ähnliche Maske wird auch beim Einlesen einer Datei im Schnittstellenformat aufgerufen. Mit dem entsprechenden Eintrag liegt der Eiskratzer nun zu den Normalien passend im Raum.

Dieser Weg bietet sich für Dateien an, die von anderen CAD-Systemen mittels Schnittstelle übernommen wurden.

2.1.2 Drehung im Raum (2)

Für Dateien, welche im nativen Format SolidWorks erstellt sind und auch weiterverarbeitet werden sollen, ist der im letzten Kapitel beschriebene Weg nicht sinnvoll. Er würde dazu führen, dass alle Informationen, welche sich im Featurebaum befinden, verloren gehen.

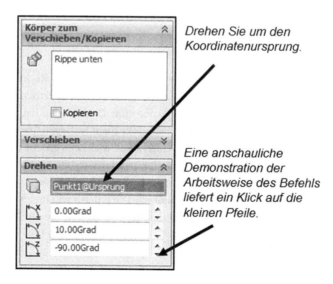

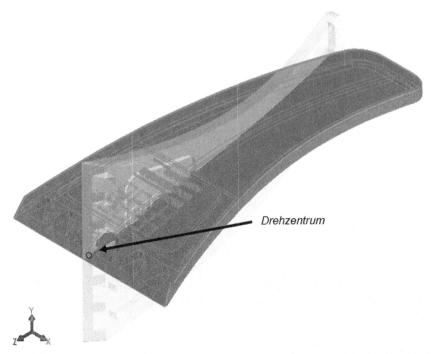

Abb. 2.5 Rotation um den Ursprung

Starten Sie die Datei **Kratzer.sldprt** aus dem Ordner **Kap. 2** noch einmal neu. Oder löschen Sie, falls Sie das Dokument noch geöffnet haben, das zuletzt konstruierte Koordinatensystem **KS_Werkzeug**.

Rufen Sie den Befehl *Einfügen/Features/Verschieben-Kopieren* auf. Recht weit unten im
Menü finden Sie die Option *Verschieben/Drehen*. Wird diese aufgerufen, verändert sich
das Menü, wie dargestellt. Wählen Sie als Körper zum Drehen das Bauteil aus und als
Drehpunkt den Ursprung. (Sollten Sie den Drehpunkt nicht festlegen, so wird der Masse-
schwerpunkt des Bauteils verwendet, was in diesem Fall nicht erwünscht ist)!

Falls Sie die Winkel nicht numerisch eingeben sondern scrollen, bekommen Sie eine
recht anschauliche Demonstration der Arbeitsweise dieses Befehls. Drehen Sie das Bauteil
stufenweise bis $y = 10°$ und $\dot{z} = -90°$. Das Bauteil wird sich dann wie in der folgenden Darstellung präsentieren. Schließen Sie den Befehl ab und speichern Sie die Datei unter dem
Namen **Kratzer_1**, Abb. 2.5.

Dieser Weg bietet sich für alle nativen SolidWorks-Konstruktionen an und ist insbesondere bei Mehrkörperbauteilen (siehe Kap. 3.5) recht hilfreich.

2.1.3   Drehung im Raum (3)

Konstrukteure, die häufig mit Baugruppen zu tun haben, werden einen dritten Weg vorziehen. Aus jedem Bauteil lässt sich eine Baugruppe erstellen (die dann eben nur ein Teil enthält). Und für diese Baugruppe gelten die üblichen Baugruppenfunktionalitäten, z. B. auch die Möglichkeit, Bauteile beliebig zu positionieren.

Beginnen Sie mit *Datei/Baugruppe aus Teil erstellen*. Sie werden nun aufgefordert, eine Baugruppenvorlage zu wählen. Welche zum Einsatz kommt, ist für die Übung nicht weiter entscheidend. Bei der Standardinstallation finden Sie zumindest den Eintrag **Tutorial**. Wählen Sie diesen oder einen anderen aus.

Nun öffnet sich ein umfangreiches Menü. Sollten Sie den Befehl zum ersten Mal verwenden, möchte ich Ihnen dringend empfehlen, die nächsten zehn Minuten damit zu verbringen, ihn zu erforschen! Die Möglichkeiten, die sich hier auftun, sind sehr vielfältig. Leider ist das Ergebnis, insbesondere bei den ersten Versuchen, nicht immer das, was der Anwender sich wünscht.

Für unseren Zweck bietet es sich an, zunächst einmal das Häkchen bei *Grafikvorschau* zu setzen. Augenblicklich wird im Grafikbereich der Eiskratzer dargestellt. Da nur ein einziges Bauteil existiert, nimmt das Programm ganz richtig an, dass dieses in die Baugruppe eingebracht werden soll; der Eintrag **Kratzer** in der Auswahlliste ist schon aktiviert.

Gleichzeitig hat sich der Cursor verändert. Am Mauszeiger hängt ein kleines Bauteil, eine Aufforderung, es im Grafikbereich zu positionieren. Klicken Sie nicht gleich drauf los! Denn wenn Sie die Erklärung im Property-Manager lesen, stellen Sie fest, dass es eine Möglichkeit gibt, sich die Arbeit des Ausrichtens zu ersparen: Wählen Sie *ok* (grüner Haken), so werden die Referenztriaden von Bauteil und Baugruppe übereinander gelegt sowie die Ausrichtung übernommen.

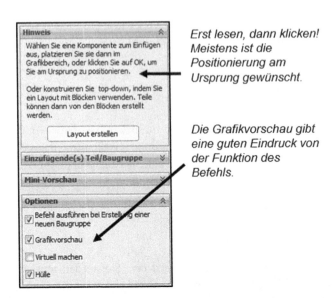

Erst lesen, dann klicken!
Meistens ist die
Positionierung am
Ursprung gewünscht.

Die Grafikvorschau gibt
eine guten Eindruck von
der Funktion des
Befehls.

Durch diesen Befehl wird eine Baugruppe mit dem Bauteil **Kratzer** erstellt. Die eigentliche Aufgabe – Sie erinnern sich – bestand jedoch darin, das Bauteil geeignet im Raum zu positionieren. Ein Blick auf den Featurebaum zeigt den Stand dieser Bemühungen an. Das Bauteil ist mit einem kleinen (f) gekennzeichnet. Dies bedeutet, dass es fest mit dem Koordinatensystem der Baugruppe verbunden ist. Ein weiterer Blick auf den Eintrag *Verknüpfungen* zeigt, dass eben davon noch keine angelegt worden sind.

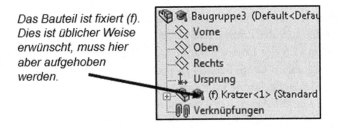

Das Bauteil ist fixiert (f).
Dies ist üblicher Weise
erwünscht, muss hier
aber aufgehoben
werden.

Es sind also noch weitere Arbeiten notwendig. Als erstes lösen Sie das Bauteil von der Baugruppe. Dies geschieht durch einen Rechtsklick auf den Eintrag des Bauteils im Featurebaum und Auswahl des Befehls *Fixierung aufheben*.

Im Featurebaum wird das Bauteil nun mit (-) gekennzeichnet. Dies ist ein recht gefährlicher Zustand. In einer umfangreicheren Baugruppe ist die Gefahr des unbeabsichtigten Verrutschens groß.

Daher werden umgehend passende Verknüpfungen erstellt. Dies geschieht über *Einfügen/ Verknüpfung*. Im Fenster **Verknüpfungsauswahl** werden die **Ebene rechts** der Baugruppe sowie die Ebene mit dem Namen **E Logo** des Bauteils eingetragen. Dies geschieht dadurch, dass im Grafikbereich der Featurebaum aufgeklappt wird. Der Eintrag *Ebene rechts* befindet sich auf der obersten Menü-Ebene, für den Eintrag **E Logo** muss der Ordner **Logo** geöffnet werden.

Wählen Sie die Option *Deckungsgleich*, falls das Bauteil dann um 180° verkehrt erscheint, noch den Eintrag *Verknüpfungsausrichtung* wie in der Abbildung dargestellt, und schon ist das Bauteil wunschgemäß positioniert.

In einer Baugruppe werden in erster Linie die Einzelkomponenten zueinander positioniert. Dazu ist die Verwendung der Verknüpfungen das A und O. Um den Überblick zu bewahren, sollten Sie jeder Verknüpfung direkt nach dem Erstellen einen aussagekräftigen Namen geben.

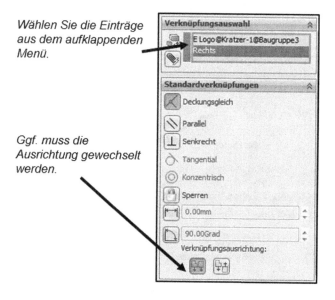

Wählen Sie die Einträge aus dem aufklappenden Menü.

Ggf. muss die Ausrichtung gewechselt werden.

Mit einem Rechtsklick auf den entsprechenden Eintrag im Featurebaum kommen Sie zum Befehl *Eigenschaften*. Tragen Sie den Namen **Ausrichten E-Logo** ein. Speichern Sie zuletzt die Baugruppe unter dem Namen **Kratzer_2.sldasm** ab.

2.2 Formschrägen

Ein wesentlicher Schritt bei der Aufbereitung eines Formteils für die Werkzeugkonstruktion ist es, sicherzustellen, dass der plastische Kunststoff nicht nur in die Metallform hineinfließen kann, sondern auch im festen Zustand wieder herauskommt. Technisch ausgedrückt: Damit das Kunststoffteil entformbar ist, dürfen keine Hinterschnitte vorliegen und die Wände sollten einen gewissen Formschrägenwinkel besitzen.

Im letzten Kapitel wurde die Entformungsrichtung schon festgelegt. Werfen Sie ggf. noch einmal einen Blick auf die Abb. 2.2. Die Entformung erfolgt senkrecht zum Schriftzug (damit es mit den vielen kleinen erhabenen Elementen keine Probleme gibt). Technisch ausgedrückt: Die Entformungsrichtung steht senkrecht zur Ebene **E_Logo**.

Bei der Kontrolle auf Hinterschnitte und die Anpassung der „Problemzonen" werden Sie von SolidWorks auf mancherlei Weise unterstützt.

▶   **Tipp** Für die folgenden Kapitel bietet es sich an, den Werkzeugkasten mit den Befehlen der Gusswerkzeuge fest zu installieren. Er befindet sich unter *Ansichten/Symbolleisten/Gusswerkzeuge*.

Öffnen Sie die Datei **Kratzer** aus dem Ordner **Kap. 2**. Überprüfen Sie das Modell mit dem Befehl *Ansicht/Anzeige/Formschrägenanalyse*.

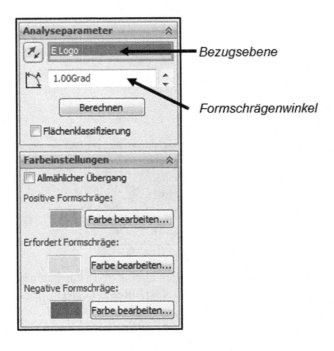

Das nun erscheinende Menü fragt als erstes nach der Entformungsrichtung. Sie können hier sowohl eine Modellkante auswählen, die parallel zu Entformungsrichtung liegt, als auch eine Fläche, die sich senkrecht zur Entformungsrichtung befindet; ggf. müssen Sie die Richtung um 180° drehen. Mit den nächsten Schaltern wählen Sie die Bezugsfläche (**E_Logo**) und den Winkel der Schräge (**1°**).

Lassen Sie die Berechnung durchführen.

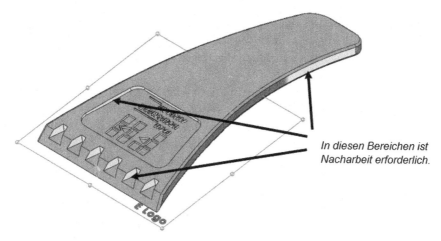

In diesen Bereichen ist
Nacharbeit erforderlich.

Abb. 2.6 Formschrägen

Als Ergebnis werden die Modellflächen entsprechend eingefärbt. Ein Großteil der Oberseite lässt sich problemlos nach oben (grün) entformen, ein Großteil der Unterseite problemlos nach unten (rot). Bei der umlaufenden Kante handelt es sich um Spreizflächen, welche teilweise nach oben und teilweise nach unten entformt werden müssen – um die kümmern Sie sich bei der Formtrennung. Doch dann gibt es leider einige Bereiche, an die noch Hand angelegt werden muss (gelbe Bereiche, siehe Pfeile in Abb. 2.6).

Lassen Sie sich von den technischen Möglichkeiten der Gusswerkzeug-Befehlsleiste nicht vorschnell verführen. Bevor nämlich der große Hammer namens *Formschrägen* aus dem Gussform-Werkzeugkasten zum Einsatz kommt, bietet es sich an, zu prüfen, ob bei der Konstruktion nicht schon Features verwendet wurden, die die Möglichkeit zum Einbringen einer Formschräge beinhalten.

Tatsächlich ist das bei den Features **Zähne** und **Schnitt für Logo** der Fall. Sie sind jeweils durch einen *linearen Schnitt* erzeugt worden. Modifizieren Sie daher die beiden Features entsprechend. Dies geschieht dadurch, dass der entsprechende Eintrag rechts angeklickt und mit *Feature bearbeiten* geöffnet wird.

Formschrägen können in einigen Features direkt erzeugt werden. Dies ist wesentlich unproblematischer, als die Verwendung des Befehls Formschräge *aus dem Gussform-Werkzeugkasten.*

Beginnen Sie mit dem *linear ausgetragenen Schnitt* namens **Zähne**: Zusätzlich zu den schon vorhandenen Einträgen wird ein Winkel von 3° vorgegeben. In der Vorschau wird verfolgt, ob er in die gewünschte Richtung abgetragen wird, ggf. wird die Ausrichtung um 180° gedreht.

Wird diese Operation zusätzlich noch am *linear ausgetragenen Schnitt* **Logo** durchgeführt, so bleibt an der Oberseite des Bauteils nur noch der Schriftzug zu korrigieren. Dieses Problem soll jedoch ignoriert werden, da es sich hier um einen noch zu konstruierenden Kerneinsatz handelt, dessen Daten dabei entsprechend aufgearbeitet werden.

Speichern Sie das Bauteil unter dem Namen **Kratzer 3**.

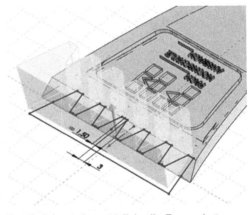

Unscheinbar, aber nützlich: die Formschräge im Feature.

2.3 Formschrägen an Kurvenzügen

Das letzte Kapitel hat Sie vielleicht auf die Idee gebracht, dass es einen Befehl geben müsste, der in der Lage ist, die zeitintensive Abschrägarbeit zu automatisieren, Abb. 2.7.

Es gibt ihn, und Sie werden ihn bei der Aufbereitung der Unterseite kennenlernen.

Eine erneute Prüfung des Bauteils **Kratzer 3** mit dem Befehl *Extras/Formschrägenanalyse* und ein Blick auf die Unterseite bringen zu Tage, dass die mittlere sowie die umlaufende Rippe keine Formschräge besitzen. Um das zu korrigieren, kommt dieses Mal der Befehl *Formschräge* zum Einsatz.

Abb. 2.7 Kurvenzug
Trennfuge (1)

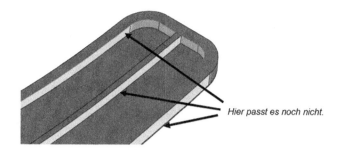

Hier passt es noch nicht.

Der Befehl befindet sich im *Gussform-Werkzeugkasten* als Ikone oder unter *Einfügen/Features/Formschräge*. Auch hier möchte ich Ihnen empfehlen, sich Zeit zu nehmen, die umfangreichen Möglichkeiten des Befehls durchzuspielen.

Als erstes soll die umlaufende Rippe korrigiert werden. Wählen Sie *Manuell* und als *Formschrägentyp* den Eintrag *Trennfuge* (dies ist notwendig, da es sich um ein gebogenes Teil handelt), geben Sie einen Formschrägenwinkel von 3° vor und legen Sie eine Entformungsrichtung fest.

Da die angrenzende Fläche gebogen ist, funktioniert ausschließlich der Formschrägentyp Trennfuge.

Entformt wird senkrecht zur Ebene E Logo.

Wählen Sie entlang Tangente. Auf diese Weise wird der gesamte Kurvenzug gefunden.

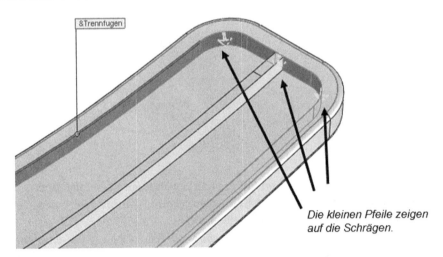

Abb. 2.8 Kurvenzug Trennfuge (2)

Dazu klicken Sie eine entsprechende Kante oder eine zur Entformungsrichtung senkrecht liegende Fläche an. Am besten wählen Sie aus dem aufklappenden Menü die Ebene **E_ Logo**. Doch Vorsicht! Die Entformungsrichtung ist dieses Mal entgegengesetzt – beachten Sie also den Pfeil im Grafikbereich und setzen Sie den 180°-Schalter.

Bestimmen Sie dann eine Trennfuge. Da zu einer Kante zwei Flächen gehören, ist sicherzustellen, dass die richtige der beiden ausgewählt wird (nämlich diejenige, die abgeschrägt werden soll). Sie ist gekennzeichnet durch einen kleinen gelben Pfeil. Zeigt er auf die falsche Fläche, wählen Sie den Eintrag *Andere Fläche*, Abb. 2.8.

Die besondere Arbeitserleichterung ergibt sich aus der Option unter *Flächenfortsetzung*. Hier wird *Entlang Tangente* eingestellt. Nun werden automatisch alle Flächen gesucht, die mit der ursprünglichen tangential verbunden sind – im vorliegenden Fall die gesamte Außenrippe.

Die Anpassung der mittleren Rippe erfolgt ganz ähnlich. Wählen Sie dieses Mal als Trennfuge die beiden oberen Kanten, stellen Sie unter *Flächenfortsetzung keine* ein, und stellen Sie sicher, dass die grauen und gelben Pfeile in die richtigen Richtungen zeigen.

Abschließend kann noch einmal eine *Formschrägenanalyse* durchgeführt werden. Sie wird nach den durchgeführten Änderungen zu einem positiven Ergebnis kommen, Abb. 2.9.

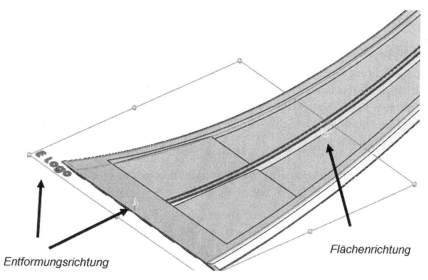

Entformungsrichtung

Flächenrichtung

Abb. 2.9 Kurvenzug Trennfuge (3)

2.4   Skalierung

Die Vorbereitung des Bauteils ist praktisch abgeschlossen. Allerdings ist dem Volumen-schwund durch Abkühlen der Schmelze noch Rechnung zu tragen. Der entsprechende Befehl befindet sich ebenfalls im Gussform-Werkzeugkasten unter *Einfügen/Gussformen/Skalieren*.

Legen Sie den *Skalierungsfaktor* auf 1,02 fest (das Werkzeug wird um 2 % vergrößert.

Es kann auch eine ungleichmäßige Schwindung berücksichtigt werden.

Die einzelnen Konstruktionsschritte finden Sie im Ordner **Kap. 2**.

2.5   Konstruktionsübung

Verschieben; Kopieren; Koordintensysteme

Die Ausrichtung einer Normalie im Bauteilkoordinatensystem soll verändert werden.

- Richten Sie das Bauteil Schlauchtuelle.sldprt aus dem Ordner Konstruktionsübung mit dem Befehl Verschieben – Kopieren so aus, dass der Ursprung erhalten bleibt und die Mittelachse der Schlauchtülle mit der y-Achse des Bauteilkoordinatenystems übereinstimmt.

Ein Video zur Konstruktionsübung sowie Verständnisfragen zu diesem Kapitel finden Sie unter www.hs-asbach.de/csk.

Formnest

Ein Spritzgießwerkzeug besteht aus zwei Typen von Bauteilen: Normalien, die zugekauft und gar nicht oder nur wenig bearbeitet werden sowie Bauteilen, die die Form des Spritzgießlings erzeugen, genannt Formnester. Der Trend geht dahin, dass die CAD-Konstruktion analog zur Fertigung vorgeht, d. h. die Normalien werden aus einem Katalog übernommen und wenig oder gar nicht verändert und nur die Formester werden nach allen Regeln der (CAD-) Kunst konstruiert.

SolidWorks bietet hier umfangreiche Werkzeuge an, und so sollte der erste Schritt sein, die Menüleiste um die Gusswerkzeuge zu erweitern (*Ansicht/Symbolleisten/Gusswerkzeuge*). Die Befehle finden sich auch unter *Einfügen/Gussform*.

Flächenmodellierung unterscheidet sich deutlich von der Volumenmodellierung.

Falls Sie sicher im Umgang mit Flächen sind, können Sie das Kap. 3.1 getrost überblättern – sollten Sie jedoch zum ersten Mal mit Flächen zu tun haben, ist es empfehlenswert, sich mit einigen Grundlagen der Flächenmodellierung vertraut zu machen. Nach und nach werden Sie dann die komplexeren Aufgaben der Werkzeugkonstruktion meistern.

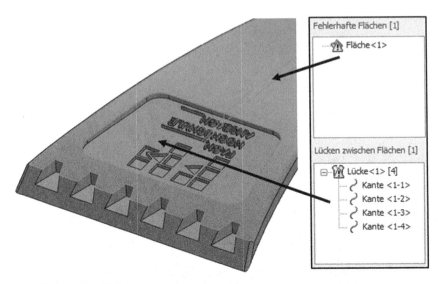

Abb. 3.1 Übersetzungsfehler

In der folgenden Übung lernen Sie typische, häufig wiederkehrende Funktionen kennen – die Sammlung erhebt ausdrücklich keinen Anspruch auf Vollständigkeit.

3.1 Flächen mit unterschiedlicher Funktion

Erweitern Sie die Symbolleisten um die Leiste *Oberflächen* (*Ansicht/Symbolleisten/Oberflächen*). Gegebenenfalls schalten Sie die Leisten *Features* und *Skizzieren* aus, sie werden im Folgenden nicht benötigt.

Öffnen Sie die IGES-Datei **Kratzer 1.igs** aus dem Ordner **Kap. 3**. Die Import-Diagnose (*Extras/Importdiagnose*) bringt dieses Mal eine fehlerhafte Fläche und eine Lücke zwischen zwei Flächen zutage, Abb. 3.1.

Bei genauer Betrachtung stellt sich heraus, dass eine der quadratischen Vertiefungen fehlt sowie eine Seitenfläche der mittleren Rippe ein *Allgemeines Geometrieproblem* aufweist. Verlassen Sie die *Import-Diagnose* und werfen Sie einen Blick auf den Featurebaum. Aufgrund der fehlerhaften Flächen findet sich dort kein solides Volumen, sondern ein Ordner **Oberflächenkörper**.

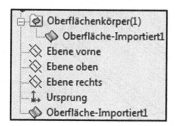

Mit fehlerhaften Flächen
und Lücken *lässt sich
kein Volumenkörper
erzeugen.*

In diesen ist eingetragen, was es bislang an Flächen gibt, also ausschließlich **Oberfläche-Importiert1**.

Beginnen Sie die Reparatur mit dem Löschen der fehlerhaften Rippenfläche. Den Befehl finden Sie unter *Einfügen/Fläche/Löschen* oder als Ikone in der *Gusswerkzeug-Symbolleiste*.

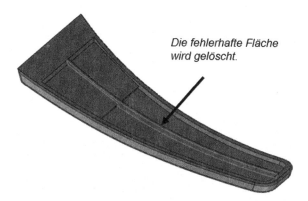

*Die fehlerhafte Fläche
wird gelöscht.*

Hier geht es darum, die Vorgehensweise kennenzulernen. Daher wird im Menü des Befehls *Fläche löschen* die Option **löschen** gewählt. Nach Abschluss des Befehls geben Sie dem neu entstandenen Feature den Namen **Ob Rippe alt**.

Um das entstandene Loch zu füllen, kommt der Befehl *Einfügen/Oberfläche/Planar* zum Einsatz. Bei Kurvenzügen, welche aus wenigen Abschnitten bestehen, klicken Sie die Elemente einzeln an. Bei der vorliegenden umfangreichen Aufgabe bietet es sich dagegen an, den Kurvenzug vom Programm suchen zu lassen.

Aktivieren Sie dazu mit einem Rechtsklick eine der Begrenzungskanten, und wählen Sie *offener Kurvenzug*. Das Programm findet die vollständige Rippenbegrenzung auf einen

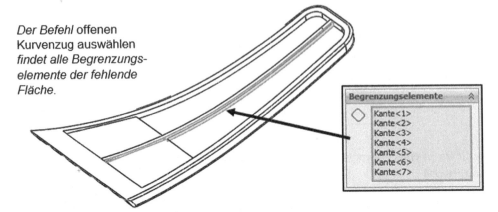

*Der Befehl offenen
Kurvenzug auswählen
findet alle Begrenzungs-
elemente der fehlende
Fläche.*

Abb. 3.2 Automatische Auswahl eines offenen Kurvenzuges

Schlag. Schließen Sie den Befehl ab, und benennen Sie die entstandene Fläche in **Ob Rippe neu** um.

Der nächste Schritt der Reparatur ist die Korrektur des rechten unteren Quadrats aus dem Logo. Eine Reihe von Flächen wurde nicht mitübersetzt und muss nachkonstruiert werden.

Verwenden Sie dazu den Befehl *Regeloberfläche*. Sie finden ihn unter *Einfügen/Oberfläche*. Die vier Wandflächen des Quadrats sollen senkrecht zur Logofläche entstehen, wählen Sie also *Normal auf Oberfläche*. Der Schriftzug ist um **1,0 mm** vertieft. Klicken Sie dann die vier begrenzenden Kanten an, und wählen Sie zuletzt die Option *Verbindungsoberfläche* ab. (Das erscheint übertrieben kompliziert, das verbleibende Loch wird jedoch noch benötigt), Abb. 3.2.

Zum Ausfüllen des Quadrat-Bodens bieten sich verschiedene Befehle an, ein schneller Weg ist die Verwendung der *Planaren Oberfläche*. Klicken Sie dazu die vier offenen Kanten an und lassen den Boden erzeugen.

Mittlerweile hat sich der Featurebaum gefüllt. Im Ordner **Oberflächenkörper** befinden sich vier Einträge. Dabei ist Ihnen sicher aufgefallen, dass der ursprüngliche Eintrag **Oberfläche-Importiert** verschwunden ist. Dies ist auf eine Eigentümlichkeit des Programms zurückzuführen: Ein Oberflächenkörper bekommt immer den Namen der letzten Bearbeitung. Im vorliegenden Beispiel war die letzte Bearbeitung der importierten Hülle das Löschen der Rippenfläche. Dieser Schritt wurde in **Ob Rippe alt** umbenannt. Daher heißt der gesamte Oberflächenkörper nun **Ob Rippe** alt.

Die drei weiteren Konstruktionsschritte erzeugten Oberflächenkörper, die bislang noch nicht verbunden sind.

Für den „Flächenneuling" ist dies schon gewöhnungsbedürftig. Speichern Sie das Erreichte unter dem Namen **Kratzer 1**.

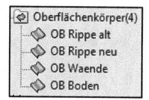

*Unverbunden erzeugt jede
Fläche einen neuen
Oberflächenkörper.*

3.2   Kleine Fehler in großen Oberflächen

In diesem Kapitel geht es um die Lösung eines ärgerlichen, häufig wiederkehrenden Problems. Beim Einlesen von Dateien in Schnittstellenformaten werden gerade Mehrfachverrundungen nicht mitübersetzt. Meistens handelt es sich um winzige Ecken, die praktisch keine technische Bedeutung haben. Aber CAD-Systeme sind in dieser Beziehung kleinlich – kleines Loch, großes Problem.

Lesen Sie die IGES-Datei **Kratzer 2.igs** aus dem Ordner **Kap. 3** ein. Die Diagnose (*Extras/Import-Diagnose*) meldet eine Lücke. Mit einem Rechtsklick auf den Eintrag *Lücke* und dem Befehl *Zoomen auf Auswahl* wird augenscheinlich, dass eine Kofferecke an einer Mehrfachverrundung fehlt.

Im gleichen Menü befinden sich die Befehle *Lücke korrigieren*, *Lücke entfernen* und *Lücken schließen*. Der Nutzen dieser kleinen Helfer liegt auf der Hand: im Erfolgsfall sparen sie viel Zeit. Bei komplexeren Aufgaben führen sie jedoch leider selten zum Erfolg.

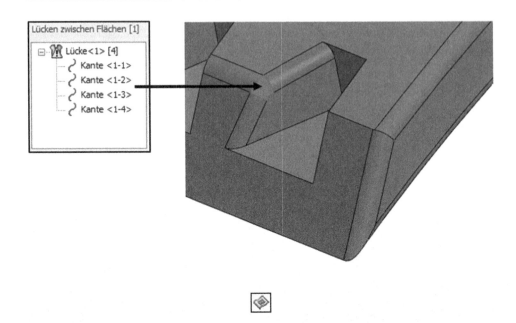

In dieser Übung wird daher der konventionelle Weg eingeschlagen: Verlassen Sie die *Import-Diagnose* und wählen Sie den Befehl *Oberflächenausfüllen* (*Einfügen/Oberfläche/Ausfüllen*). Er bietet außerordentlich viele Möglichkeiten, den Flicken (engl.: Patch) so zu gestalten, dass er allen Wünschen genügt. In der Werkzeugkonstruktion reicht jedoch die Grundeinstellung üblicherweise aus.

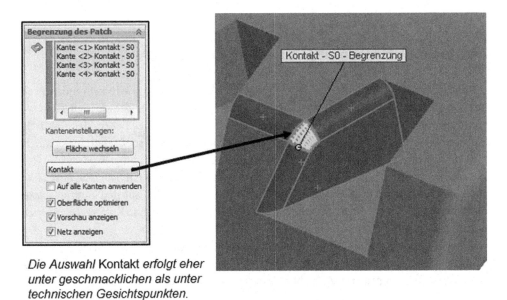

Die Auswahl Kontakt erfolgt eher unter geschmacklichen als unter technischen Gesichtspunkten.

Als Begrenzung des Patchs wählen Sie die vier Lochkanten. Für die Krümmungssteuerung werden die Optionen *Kontakt, Tangential* und *Krümmung* angeboten. Da hier die Optik im Vordergrund steht, wählen Sie die Option, die Ihren Vorstellungen am nächsten kommt, und schließen den Befehl ab.

SolidWorks bietet Ihnen zwei wertvolle Möglichkeiten zur optischen Beurteilung von Flächen, die Befehle *Krümmung* und *Zebrastreifen*.

Um die Krümmung der neu entstandenen sowie der angrenzenden drei Flächen zu beurteilen, aktivieren Sie diese im Grafikbereich und führen daraufhin einen Rechtsklick auf einer der Flächen aus. Der Befehl *Krümmung* versteckt sich im erweiterten Menü.

Um dies zu öffnen, klicken Sie auf den Doppelpfeil am Ende des Menüs (oder wählen Sie *Ansicht/Anzeige/Krümmung*). Die nun im Grafikbereich gezeigte Farbschattierung ist abhängig vom Krümmungsradius und variiert von schwarz bis rot.

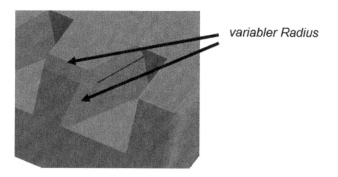

variabler Radius

Es besteht darüber hinaus die Möglichkeit, den Krümmungsradius dynamisch anzuzeigen. Setzen Sie dazu den Schalter *Dynamisches Hervorheben von Grafikansichten* unter *Extras/Optionen/Systemoptionen/Anzeige/Auswahl* ein.

Ähnlich funktioniert der Befehl *Zebrastreifen*. Aktivieren Sie die interessierenden Radienflächen sowie die neu entstandene Ecke, führen Sie einen Rechtsklick auf eine Fläche aus, erweitern Sie das Menü und wählen Sie *Zebrastreifen*. Der Verlauf gibt Ihnen einen guten Eindruck der Qualität des Rundungsverlaufs.

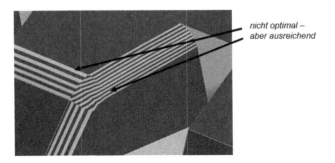

*nicht optimal –
aber ausreichend*

Um die Zebrastreifen nach getaner Arbeit wieder zu entfernen, klicken Sie auf *Ansicht/ Anzeige/Zebrastreifen.*

Mit diesem Handwerkszeug aus dem Flächenwerkzeugkasten sind Sie gut für die Werkzeugkonstruktion des Eiskratzers gerüstet.

3.3 Trennoberflächen

Für die Erstellung von Formnestern wird eine Reihe von Flächen benötigt. Diese Flächen trennen die beiden Hälften und werden – nicht gerade glücklich – allesamt „Trennoberflächen" genannt, Abb. 3.3.

Im Laufe der Konstruktion werden sie als *Oberflächenkörper* angelegt, und diese bekommen – auch nicht viel besser – den Namen des jeweils letzten konstruierten Features. Lassen Sie uns Licht ins Dunkel bringen: An die Trennlinie schließt sich eine erste, von SolidWorks standardmäßig rot eingefärbte Fläche, genannt Touchierfläche, an. An sie werden aus Sicht der Fertigung besonders hohe Anforderungen gestellt, soll sie doch die Form gegen austretendes Material verschließen. Falls sie durch Fräsen hergestellt wird, müssen Mindestradien eingehalten werden (kein Eckenradius darf kleiner als der Radius des Fräswerkzeuges sein).

Die im Standard blau dargestellte Verriegelungsoberfläche ist leicht konisch ausgeführt. Sie führt die gewölbte, rote Fläche auf die ebene Fläche der Formtrennung zurück. Bei einfachen Geometrien lässt sie sich menügesteuert modellieren, bei komplizierteren Geometrien geschieht dies manuell.

Die grüne Ebene, hier Basis genannt, dient später dazu, die Gussform in zwei Hälften zu teilen. Sie sollte günstigstenfalls in Höhe der Normalien-Formplatten liegen – allerdings ist die genaue Position in diesem Stadium der Konstruktion noch nicht bekannt, d. h. es muss später nachgebessert werden.

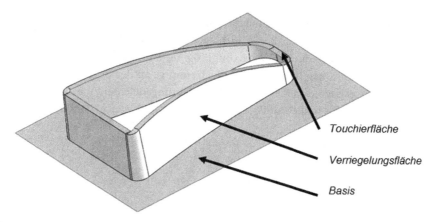

Touchierfläche

Verriegelungsfläche

Basis

Abb. 3.3 Trennoberflächen

3.3.1 Trennfuge

Um auf dem Werkstück Trennflächen entstehen zu lassen, ist die Linie zu bestimmen, an der die Trennung erfolgen soll – die Trennlinie.

Öffnen Sie die Datei **Kratzer 4** aus dem Ordner **Kap. 3**.

Der Befehl *Trennfugen* befindet sich unter *Einfügen/Gussformen*. Wird er ausgeführt, öffnet sich ein umfangreiches Menü – praktisch ein kleiner Assistent, der Sie durch die folgenden Schritte führt.

Zunächst wird eine Formschrägenanalyse durchgeführt. Die Entformung soll senkrecht zur Ebene **E_logo** erfolgen und der Prüfwinkel **2°** betragen. Ggf. müssen Sie die Entformungsrichtung noch umkehren.

Die Trennung erfolgt senkrecht zur Ebene E Logo.

Nach durchgeführter Formschrägenanalyse springt das Menü um und erwartet die Einga-
be der Trennfugen. Versuchen Sie besser nicht, alle Kantenelemente manuell anzuklicken,
Sie werden hierbei in vorbildlicher Weise vom Programm unterstützt.

Die Konstruktionsabsicht besteht darin, die Trennfuge an der Begrenzung der grünen
Fläche entstehen zu lassen. Klicken Sie als erstes Trennfugenelement die Arbeitskante des
Kratzers an. **Kante 1** wird in die Auflistung übernommen, und gleichzeitig erhält die Kante
einen kleinen roten Pfeil.

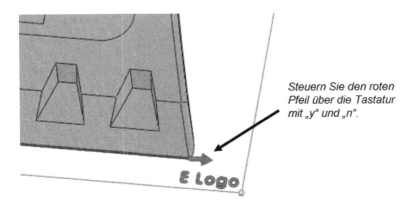

*Steuern Sie den roten
Pfeil über die Tastatur
mit „y" und „n".*

Dieser Pfeil schlägt das jeweils nächste Kantenelement vor. Zeigt er auf das richtige Element, klicken Sie entweder auf die Pfeil-Ikone oder verwenden den Shortcut „y".

Zeigt der Pfeil in die falsche Richtung, klicken Sie auf die Kreis-Ikone oder verwenden
Sie den Shortcut „n". Die dynamische Erklärung des Programms ist allerdings sehr miss-
verständlich: Es handelt sich nicht um die „nächste Kante", sondern um diejenige, die in
eine andere Richtung zeigt. Ist der Kurvenzug geschlossen, lesen Sie auf grünem Grund die
Meldung *Die Trennfuge ist fertig*. Schließen Sie den Befehl ab und werfen Sie einen Blick
auf den FeatureManager.

Dort sind zusätzliche Ordner für Oberflächenkörper entstanden. Es wird in Formnest
und Kern unterschieden. Stören Sie sich nicht an den Namen – sie werden vom Programm
vorgegeben und können nicht verändert werden. Die Abb. 3.4 zeigt, dass neben dem Volumenkörper je eine Oberfläche für Formnest und Kern erzeugt worden ist.

Diese sollten Sie umbenennen und sich mit ihnen vertraut machen. Schließlich sind sie
die Basis für die weitere Arbeit. Hilfreich sind in diesem Zusammenhang ein Rechtsklick
auf den Eintrag in den Featurebaum und die Befehle *Oberflächenkörper einblenden* und
Oberflächenkörper ausblenden.

Speichern Sie den Konstruktionsstand als **Kratzer 5** ab.

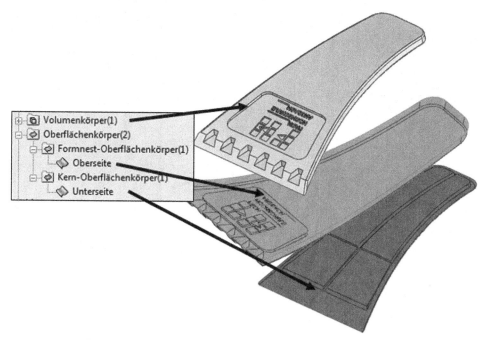

Abb. 3.4 Kern-Formnest-Trennung

3.3.2 Touchierfläche

Im Oberflächen-Werkzeugkasten finden Sie den Befehl *Trennoberfläche* (*Einfügen/Guss-formen/Trennoberfläche*). Er öffnet ein umfangreiches Menü. Auch hier möchte ich Ihnen empfehlen, sich die Zeit zu nehmen, die Optionen einmal durchzuspielen – Sie werden im Laufe anderer Konstruktionen sicherlich darauf zurückgreifen.

Da in dieser Übung die Touchierfläche nur als schmaler Rand um das Werkstück laufen soll, bietet sich die Option *Senkrecht zur Entformungsrichtung* an. Als Trennfuge verwenden Sie die einzige existierende. Sie wird entweder durch Anklicken im Bildbereich oder im Featurebaum aktiviert. Wählen Sie die übrigen Einträge wie in der Grafik dargestellt.

Mit Abschluss des Befehls hat sich der Featurebaum ebenfalls weiter gefüllt. Es wurde ein Ordner mit Namen **Trennoberflächenkörper** angelegt. Die neu entstandene Touchier-fläche ist dort eingetragen, Abb. 3.5.

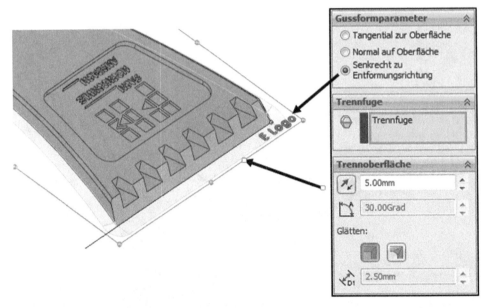

Abb. 3.5 Touchierfläche

3.3.3 Verriegelungsfläche

Für die Konstruktion der Verriegelungsfläche kommt die *Regeloberfläche* zum Einsatz. Wählen Sie *Einfügen/Oberfläche/Regeloberfläche*.

Es ist eine typische Anforderung aus der Praxis, dass diese Flächen eine leichte Konizität von 3° besitzen, damit sich die beiden Formhälften wieder trennen lassen. Dies erreichen Sie mit dem Typ *Schräg auf Vektor*. Nun wäre es möglich, diesen Vektor durch Anklicken einer Modellkante, die in Entformungsrichtung zeigt, zu wählen. Modellkanten verändern sich im Laufe der Konstruktion jedoch leicht einmal. Daher ist es günstiger, eine Fläche, die zu einem solchen Vektor senkrecht liegt, zu verwenden – und dies ist die bereits modellierte Ebene **E Logo**.

Im Folgenden sind Sie gefordert, alle Kantenelemente auszuwählen, die die Fläche erzeugen. Dies wäre recht mühsam, würde das Programm Sie dabei nicht unterstützen: Klicken Sie ein Kantenelement der Trennfläche mit der rechten Maustaste an, dann finden Sie im sich öffnenden Menü den Eintrag *offenen Kurvenzug wählen*. Nun wird die Kante vollständig aktiviert.

Stellen Sie sicher, dass der gelbe Pfeil nach unten zeigt. Er gibt die Richtung vor, in welcher die Flächen erzeugt werden. Der Abstand wird deutlich überdimensioniert. Er hat

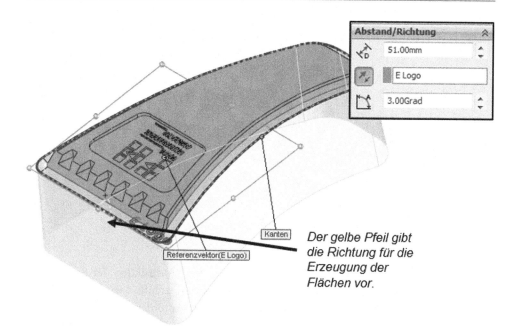

Abb. 3.6 Verriegelungsfläche

hier nur insofern eine Bedeutung, als die Fläche später mit der Basis getrimmt wird und diese daher vollständig schneiden muss.

Nach Abschluss des Befehls, bekommt die Regeloberfläche noch den aussagekräftigeren Namen **Verriegelungsfläche**, Abb. 3.6.

3.3.4 Basis der Trennoberfläche

Die Konstruktionsabsicht besteht darin, einen Sockel zu erzeugen, der sich vollständig unterhalb des Kratzers befindet. Dies wäre selbstverständlich auch mit Volumenbefehlen möglich. Hier sollen jedoch Flächen erzeugt werden, die das Formnest begrenzen.

Dazu ist es zunächst einmal erforderlich, eine Ebene parallel zur Ebene **E Logo** zu konstruieren.

Verwenden Sie den Befehl *Einfügen/Referenzgeometrie/Ebene*. Geben Sie als Referenz die Ebene **E Logo** vor und positionieren Sie die neue Ebene **40 mm** unterhalb. Nach Abschluss des Befehls sollten Sie im Featurebaum die neue Ebene in **E Logo verschoben** umbenennen.

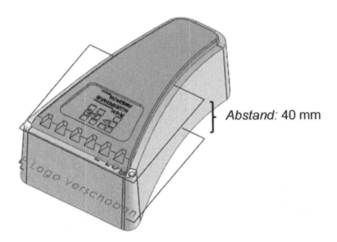

Abstand: 40 mm

Vorzuziehen ist hier eher eine simple Vorgehensweise zur Konstruktion der Basisfläche. Dazu wird zuerst eine Skizze mit einem Rechteck angelegt. Daraufhin wird aus der Skizze eine planare Oberfläche erzeugt. Dabei ist eine einzige Anforderung zu erfüllen: Das Rechteck muss so groß sein, dass es über die zu erwartenden Abmaße des Formeinsatzes hinausreicht.

Legen Sie die besagte Skizze auf der Ebene **E Logo verschoben** an. Zeichnen Sie darin ein Rechteck mit den Abmaßen **220 × 160 mm** und benennen Sie die Skizze in **Sk Basis Trennfläche** um, Abb. 3.7.

Aus der Skizze wird die planare Fläche mit dem *Befehl Einfügen/Oberfläche/Planar* erstellt. Benennen Sie diese Fläche im Featurebaum in **Basisfläche** um.

3.4   Flächen beschneiden und vernähen

Wären die Flächen aus Stoff, so ständen nun der Zuschnitt der exakten Form sowie das Vernähen der Bahnen an. Die CAD geht dazu analog vor: Die Basis und die Verriegelungsfläche werden „beschnitten" und dann mit der Touchierfläche „vernäht".

Bevor Sie mit dem Konstruieren starten, werfen Sie zuerst einen Blick auf den Featurebaum. Unter dem Ordner **Trennoberflächenkörper** befinden sich die interessierenden

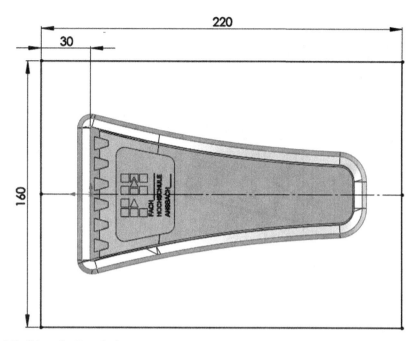

Abb. 3.7 Skizze der Basisfläche

Flächen. (Sollten einzelne Flächen außerhalb des Ordners angelegt worden sein, können Sie sie mit drag-and-drop verschieben).

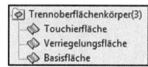 *Diese drei entstandenen Flächen werden beschnitten und vernäht*

Offensichtlich sind die Basis und die Verriegelungsfläche zu groß geraten, sie müssen aneinander getrimmt werden.

▶ **Tipp** Die Befehle *Trimmen* und *Zusammenfügen* befinden sich im *Flächen-Werkzeugkasten*. Da sie häufiger für die Formnesterstellung benötigt werden, empfiehlt es sich, sie über *Ansicht/Symbolleisten/Anpassen* in die Gusswerk-zeug-Symbolleiste nachzuladen.

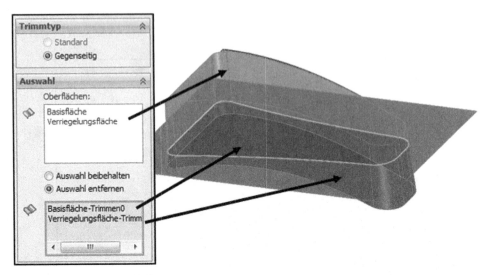

Abb. 3.8 Trimmen von Flächen

Wählen Sie *Einfügen/Oberfläche/Trimmen*. Aktivieren Sie die zu trimmenden Oberflächen **Basisfläche** und **Verriegelungsfläche**. Durch den Schnitt entstehen vier Flächen, von denen zwei unerwünscht sind. Klicken Sie sie im Grafikbereich an. Sie werden daraufhin lila dargestellt. Schließen Sie den Befehl ab, Abb. 3.8.

Im Featurebaum sind die Touchierfläche und eine neue Oberfläche namens **Oberflä-che-Trimmen** angelegt. Diese beiden werden mit *Oberfläche zusammenfügen* (*Einfügen/ Oberfläche/Zusammenfügen*) vernäht.

Im Menü dieses Befehls wählen Sie die Option *Versuch einen Volumenkörper zu erstellen* ab – da die Flächen kein Volumen umschließen, kann nichts Vernünftiges dabei heraus-kommen. Benennen Sie nach Abschluss des Befehls den Eintrag in **Trennfläche** um und werfen Sie einen Blick auf den Feature-Manager.

Es sind drei Oberflächenkörper entstanden. In passender Kombination werden sie die Oberflächen der Formeinsätze der festen und der beweglichen Seite bilden, Abb. 3.9.

3.5 Vom Oberflächenkörper zum Solid

Zur Erstellung von Formeinsätzen existiert der außerordentlich mächtige Befehl *Kern/ Formnest Volumenkörper* (*Einfügen/Gussformen/ ...*). Der Gedanke dieses Features ist der Folgende: Ausgehend von der Trennoberfläche werden zwei Volumenkörper wie linear

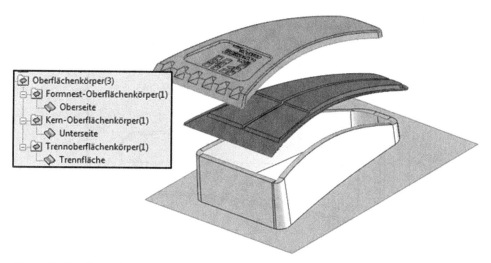

Oberflächenkörper(3)
- Formnest-Oberflächenkörper(1)
  - Oberseite
- Kern-Oberflächenkörper(1)
  - Unterseite
- Trennoberflächenkörper(1)
  - Trennfläche

Abb. 3.9 Oberflächenkörper

ausgetragene Aufsätze erstellt. Dabei wird beachtet, dass in die Trennoberfläche einmal die Oberseite des Formteils und einmal die Unterseite eingesetzt werden.

Die dafür erforderlichen Flächen, bzw. Oberflächen sind bereits angelegt – mit einer Ausnahme: Die Grundabmaße der Formeinsätze existieren noch nicht.

Dafür wird eine weitere Skizze auf der Ebene **E Logo verschoben** angelegt. Entnehmen Sie die Abmaße der Abb. 3.10 und benennen Sie die Skizze **Sk Basis Formeinsatz**. (Der erfahrene Konstrukteur ist versucht, die standardisierten Maße von Normalien zu verwenden. Aufgrund der Parametrisierung kann dies jedoch leicht nachgeholt werden).

Erstellen Sie auf der Basis der Skizze die Volumenkörper mit dem Befehl *Einfügen/ Gussformen/Kern-Formnest-Volumenkörper*. Die gute Vorarbeit zahlt sich nun aus. Im Menü befinden sich schon die Einträge für den Kern, die Fläche **Unterseite** und für das Formnest, die Fläche **Oberseite**. Wählen Sie für die Trennoberfläche die Fläche **Trennfläche** aus dem aufklappenden Menü im Grafikbereich.

Es bleibt noch die Blockgröße festzulegen. Diese ist so zu wählen, dass das Bauteil vollständig im Block verschwindet. Hier hilft die Vorschau weiter. Mit Abschluss des Befehls tut sich einiges, sowohl im Grafikbereich, als auch im Feature-Manager. Im Ordner **Volumenkörper** befinden sich mittlerweile drei Einträge.

▶ **Tipp** Mit einem Rechtsklick auf die Einträge im Feature-Manager öffnet sich ein Menü, über das die Möglichkeit besteht, Volumenkörper aus und einzublenden.

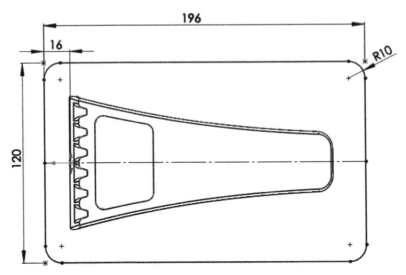

Abb. 3.10 Skizze der Basis des Formeinsatzes

Wie erwartet, handelt es sich um das Formteil, den Formeinsatz der festen Seite sowie den Formeinsatz der beweglichen Seite. Dementsprechend werden auch die Einträge in **Form-einsatz FS** (für die feste Seite) und **FormeinsatzBS** (für die bewegliche Seite) umbenannt.

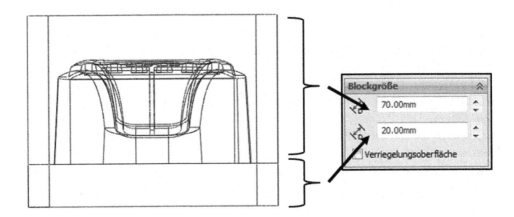

Es ist möglich, dass Ihnen hier zum ersten Mal ein Mehrkörper-Bauteil unterkommt. Dies ist, einfach ausgedrückt, ein Zwischending zwischen einem einzelnen Bauteil und einer Baugruppe. Obwohl es sich laut Ordner **Volumenkörper** um drei einzelne Solids handelt, sind sie in einer einzigen Teile-Datei gespeichert.

Entwickelt wurden Mehrkörperteile für Konstruktionen, die zwar aus Komponenten bestehen, aber wie Einzelteile behandelt werden, zum Beispiel Schweißkonstruktionen oder Kugellager. Aber auch in der Werkzeugkonstruktion sind sie offensichtlich hilfreich.

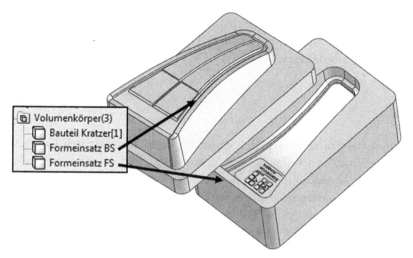

Abb. 3.11 Die beiden Formeinsätze

Für das weitere Vorgehen ist es jedoch praktischer, die beiden Formeinsätze einzeln „anfassen" zu können. Klicken Sie dazu mit der rechten Maustaste auf die entsprechenden Einträge im Ordner **Volumenkörper** und wählen Sie den Befehl *In neues Teil einfügen*. (Sie erreichen den Befehl auch über *Einfügen/Gussformen/Abspalten*. Das zugehörige Menü ist jedoch nicht identisch und wesentlich aufwendiger zu bedienen).

Es wird jeweils eine Modell-Datei mit ausschließlich dem gewünschten Einzelteil erstellt. Speichen Sie diese unter den aussagekräftigen Namen **Formeinsatz BS** bzw. **Formeinsatz FS** ab.

Aktivieren Sie nun die Datei **Formeinsatz FS**. Im Featurebaum werden keine Konstruktionsschritte angezeigt, denn das Bauteil ist durch eine Abspaltung aus einem anderen entstanden. Statt des Konstruktionsbaums finden Sie den Eintrag **Basisteil-Kratzer**. Dennoch handelt es sich um ein Solid, welches nach allen Regeln der Kunst bearbeitet werden kann. Speichern Sie die Ursprungsdatei (den Eiskratzer) unter dem Namen **Kratzer 6** ab.

Nun stellt sich die Frage, auf welche Weise die Verbindung zwischen Abspaltung und Basisteil sichergestellt ist. Das ist notwendig, denn zum Beispiel muss auch beim Kopieren oder Umbenennen realisiert sein, dass die Abspaltung die Basis wiederfindet. Dies geschieht über so genannte Referenzen.

Öffnen Sie den abgespalteten **Formeinsatz FS**. Führen Sie einen Rechtsklick auf den Eintrag **Basisteil-Kratzer** im Featurebaum aus und wählen Sie *Auflisten externer Referenzen*, Abb. 3.11.

Unter der Rubrik **Teil** wird der Speicherort des Basisteils aufgeführt. So ohne weiteres kann er nicht verändert werden. Mit den daraus erwachsenden Konsequenzen werden wir uns im Folgenden beschäftigen.

Aus dem **Basisteil Kratzer 6** ist in der Abspaltung das Feature **Basisteil-Kratzer 6-1** geworden. Unter *Status* ist der Eintrag *Nicht im Kontext* zu lesen. Konstruktive Änderungen werden in diesem Zustand nicht in das Basisteil zurückgeschrieben. Da dies normalerweise unerwünscht ist, verlassen Sie die Maske mit *Abbrechen*, führen wieder einen Rechtsklick auf **Basisteil-Kratzer** aus und wählen dieses Mal *In Kontext bearbeiten*.

Das Basisteil wird geöffnet – nun lautet der Status im Externe-Referenzen-Menü *Im Kontext*. So weit, so gut: Vermutlich werden Sie die externen Referenzen nach Möglichkeit ruhen lassen. Gelegentlich werden sie jedoch im Zuge unbedachter Kopier- und Umbenennaktionen unfreiwillig geweckt. Sie machen sich dann durch die Fehlermeldung **Teil wurde nicht gefunden** bemerkbar.

Bei dieser Meldung macht man sich besser umgehend auf die Suche. Spätere Korrekturen sind auf jeden Fall zeitraubend.

3.6 Kerne erzeugen

Das nun verfügbare Handwerkszeug wenden Sie im Folgenden auf die Konstruktion von einem Kerneinsatz an. Aber auch viele andere Elemente eines Werkzeuges, wie z. B. die Schieber, ließen sich auf diese Weise erzeugen.

Ein Formeinsatz wird u. a. notwendig, wenn die üblichen CNC-Bearbeitungen nicht mehr angewendet werden können, im vorliegenden Werkzeug also beim Schriftzug. In SolidWorks geschieht die Erzeugung eines Kerns dadurch, dass mit einer Skizze als Trennwerkzeug ein Teil aus einem Volumenkörper herausgeschnitten wird.

Alle Operationen werden am **Formeinsatz FS** durchgeführt. Beginnen Sie damit, dass Sie auf der Schrift-Ebene eine Skizze erzeugen. Übernehmen Sie dabei die Außenkontur mit dem Befehl *Offset-Elemente*. Ein kleiner Offset nach außen (**0,2 mm**) ist notwendig, da ansonsten die Formschrägen nicht erfasst würden, Abb. 3.12.

Schließen Sie die Skizze und starten Sie den Befehl *Abspalten* (*Einfügen/Features/Abspalten*).

Abb. 3.12 Skizze für das
Trimmen

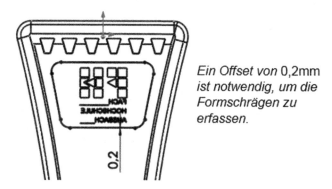

*Ein Offset von 0,2mm
ist notwendig, um die
Formschrägen zu
erfassen.*

Als Trimmwerkzeug wird die gerade erstellte Skizze verwendet. Mit *Teil schneiden* erzeugen Sie zwei Körper. Die Kontexthilfe erläutert, um welche es sich handelt: Wenn Sie einen der Einträge aktivieren, wird das Teil im Grafikbereich hervorgehoben.

Setzen Sie einen Haken vor den Listeneintrag des **Kerneinsatzes**. Um die Abspaltung als eigenes Bauteil zu speichern, wird ein Doppelklick auf diesen Eintrag ausgeführt. Es öffnet sich das *Speichern unter*-Menü. Benennen Sie den Kern **Kerneinsatz**.

Achten Sie zuletzt noch darauf, dass im *Abspalten*-Menü der Haken bei *Geschnittenen Körper absorbieren* gesetzt ist. Der Kern soll ja wirklich aus dem Formeinsatz entfernt werden.

Der Kerneinsatz liegt nun als eigenes Bauteil vor. Werfen Sie einmal einen Blick auf die neu entstandenen Referenzen (Rechtsklick auf das *Abspalten*-Feature, *Auflisten externer Referenzen*), Abb. 3.13.

Vielleicht haben Sie sich bereits gefragt, warum für dieses recht einfache Formteil eine so aufwendige Formtrennung gewählt worden ist. Der Grund besteht darin, dass dies ein Lehrbuch ist. Diese Art der Formtrennung ist für Formeinsätze und Kerne von Mehrfachwerkzeugen unverzichtbar – Sie werden sie in Ihrer Konstruktionspraxis sicherlich verwenden.

Um den Eiskratzer herum soll jedoch ein recht schlichtes Einfachwerkzeug entstehen. Dazu haben wir es uns in Konstruktion und Fertigung einfacher gemacht. Und dies wird in der folgenden Konstruktionsübung dargestellt. Es ist mithin die einfache Version des Vorausgegangenen.

3.7 Konstruktionsübung

Trennoberflächen; Bauteile ableiten; Trennlinie

Erzeugen Sie für den Eiskratzer die Formeinsätze für die feste und die bewegliche Seite. Die Werkzeugtrennung soll über eine einfach gebogene Fläche wie in Abb. 3.17 erfolgen.

- Rufen Sie die Datei Kratzer 7 auf und legen Sie manuell die Trennflächen an.
- Erstellen Sie die Basis eines Formeinsatzes (120×196 mm).

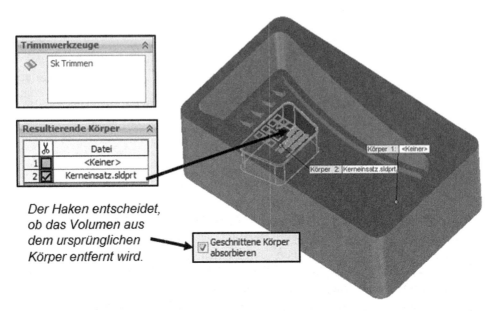

Abb. 3.13 Formeinsatz mit Referenzen

- Erzeugen Sie die beiden Formeinsätze.
- Leiten Sie die Formeinsätze als Bauteile ab.

Da die Übung recht umfangreich ist, finden Sie im Folgenden eine ausführliche Anleitung.

Rufen Sie den Konstruktionsstand **Kratzer 7** aus dem Ordner **Kap. 3** auf. Der Eiskratzer ist mit einigen Radien versehen worden, der Schriftzug ist aus Geschwindigkeitsgründen unterdrückt, die Skalierung ist durchgeführt und eine Trennfuge angelegt worden. Im Unterschied zur vorausgegangenen, automatisierten Vorgehensweise wird die Trennfläche dieses Mal manuell angelegt, Abb. 3.14.

Jede der Einzelflächen soll als *Austragung* senkrecht zur Mittelebene ausgeführt werden. Starten Sie den Befehl *Regeloberfläche* (*Einfügen/Oberfläche/Regeloberfläche*).

Wählen Sie für die erste Trennfläche die Menüeinträge wie in der Abbildung dargestellt, und klicken Sie die drei Kantenelemente im Grafikbereich an. Nach Abschluss des Befehls benennen Sie das Feature in **Trennfläche 1** um. Der Abstand von **60 mm** erscheint auf den ersten Blick recht groß gewählt, es muss jedoch sichergestellt werden, dass die Trennfläche die Grundfläche des Einsatzes überragt.

Analog legen Sie, spiegelbildlich zur **Ebene rechts**, die zweite Trennfläche an und benennen sie **Trennfläche 2**.

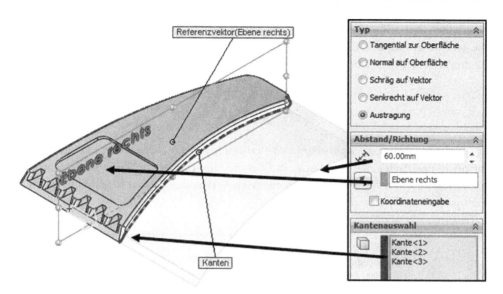

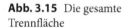

Abb. 3.14 Die erste Trennfläche

Abb. 3.15 Die gesamte
Trennfläche

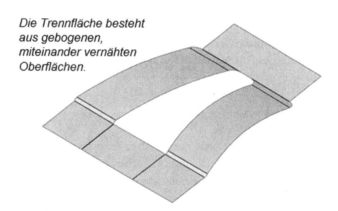

*Die Trennfläche besteht
aus gebogenen,
miteinander vernähten
Oberflächen.*

Die **Trennfläche vorn** und **Trennfläche hinten** werden auf ähnliche Weise konstruiert,
nur wählen Sie dieses Mal die Option *Senkrecht auf Vektor* und als Referenz die **Ebene E
Logo**. Geben Sie auch hier reichlich Abstand für die Austragung (**50 mm**) vor, Abb. 3.15.

Im Ordner Oberflächenkörper sind nun vier Trennflächen angelegt worden. Vernähen
Sie sie mit dem Befehl *Oberfläche zusammenfügen* (*Einfügen/Oberfläche/Zusammenfügen*).

Sie erhalten eine gebogene noch etwas zu große Trennfläche. Benennen Sie sie **Trennfläche gesamt**. Ein Blick in den Featurebaum zeigt, dass das erste Ziel erreicht ist: Es liegen die drei erforderlichen Oberflächenkörper vor.

Zur Vorbereitung auf die *Kern-/Formnest*-Erzeugung legen Sie eine weitere Ebene an, sie entspricht praktisch einer Tischfläche, auf der die Einsätze stehen. Dies geschieht analog zur im Kap. 3.3.4 beschriebenen Vorgehensweise: Verwenden Sie den Befehl *Einfügen/Referenzgeometrie/Ebene*.

Für die Kern-/
Formnest-Erzeugung
sind drei Oberflächen
notwendig.

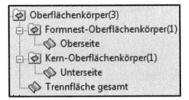

Geben Sie als Referenz die Ebene **E Logo** vor und stellen Sie einen Abstand von **40 mm** ein. Benennen Sie das Feature in **E Logo verschoben** um. Auf dieser Fläche entsteht die Skizze der Basis des Formeinsatzes (**Sk Basis Formeinsatz**). Sie ist in der Abb. 3.10 dargestellt.

Führen Sie nun die Kern-/Formnest-Erzeugung durch (*Einfügen/Gussformen/Kern-/Formnest-Volumenkörper*). Die gute Vorarbeit trägt Früchte: Mit wenigen Klicks ist die Maske gefüllt und der Befehl abgeschlossen.

Zwei letzte Schönheitsfehler existieren noch: die Lage des Bauteils im Raum und die Position des Ursprungs. Sie sollen nun behoben werden.

Beginnen Sie mit der Lage im Raum. Sie unterscheidet sich mittlerweile beträchtlich von der gewünschten Ausrichtung der Normalien, wie sie in Abb. 2.3 dargestellt ist. Dies korrigieren Sie mit der im Kap. 2.1.2 beschriebenen Koordinatentransformation.

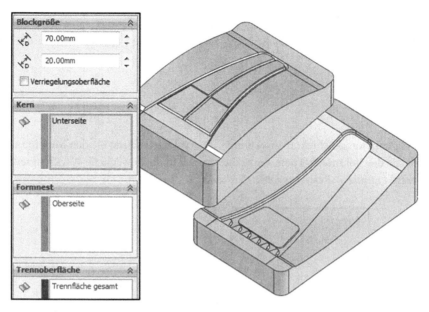

Abb. 3.16 Beide Formeinsätze

Wählen Sie *Einfügen/Features/Verschieben – Kopieren*. Füllen Sie das Menü entsprechend der Abb. 3.16 und schließen Sie den Befehl ab.

Wählen Sie alle drei Volumenkörper im Featurebaum aus ...

... drehen Sie das Bauteil um den Koordinatenursprung ...

... und positionieren Sie mit diesem Rotationswinkeln den Kratzer normaliengerecht.

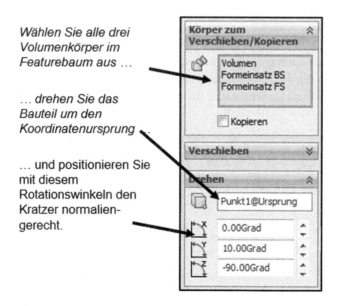

Der zweite Schönheitsfehler ist die Lage des Koordinatenursprungs. Er befindet sich bislang noch an der Vorderkante des Kratzers. Ein wesentlich geeigneterer Ort ist der Mitte eines der Formeinsätze.

Die Transformation geschieht in zwei Stufen. Zuerst konstruieren Sie den Mittelpunkt der Bodenfläche des Volumenkörpers, der später einmal in die bewegliche Werkzeugseite eingesetzt wird (*Einfügen/Referenzgeometrie/Punkt*).

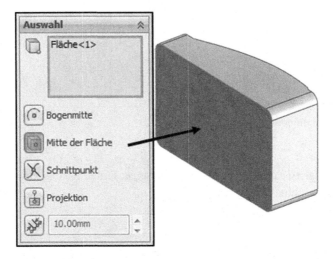

Dies ist ein kleiner Umweg. Er ist jedoch erforderlich, weil im Befehl *Verschieben/Kopieren* keine Option für die Auswahl des Mittelpunkts existiert. Führen Sie daher nach der Konstruktion des Punktes erneut den Befehl *Verschieben/Kopieren* mit den dargestellten Einstellungen aus.

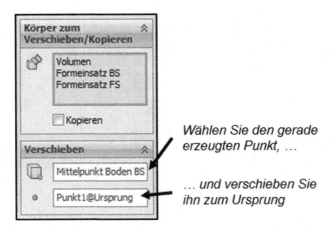

Abb. 3.17 Ausgerichtete
Formeinsätze

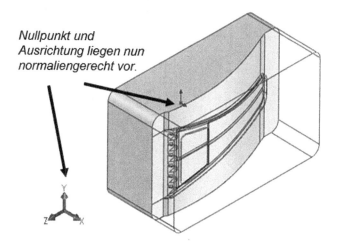

*Nullpunkt und
Ausrichtung liegen nun
normaliengerecht vor.*

Leiten Sie abschließend die Formeinsätze als Bauteile ab (zuerst ein Rechtsklick auf die
Einträge im Feature-Manager, dann der Befehl *In neues Teil einfügen*), und speichern Sie
die entstehenden Bauteildateien unter den Namen **Formeinsatz FS 2** und **Formeinsatz BS
2**. Die Ursprungsdatei selbst speichern Sie unter dem Namen **Kratzer 10**, Abb. 3.17.

Normalien

4

Niemand fertigt jedes Einzelteil eines Formwerkzeugs selber. Stattdessen wird man bestrebt sein, möglichst viele standardisierte Teile zu verwenden. Warum sollte der Werkzeugkonstrukteur anders vorgehen und Zukaufteile nachmodellieren?

Es existieren grundsätzlich zwei verschiedene Quellen für standardisierte und normierte Konstruktionen. SolidWorks selbst bietet einen umfangreichen Katalog an. Es geht hier in erster Linie um genormte Teile, wie z. B. Schrauben oder Wälzlager. Der Benutzer wird weitgehend durch Menüs und Assistenten durch die Parametrisierung geführt.

Umso spezifischer die Konstruktionen werden, umso unwahrscheinlicher ist es jedoch, dass sich eine passende Katalog-Lösung findet. In diesem Fall ist der Anbieter der Zukaufteile in der Pflicht, zur „Hardware" auch die passende „Software", also die CAD-Dateien zu liefern. Vor dem Hintergrund des ersten Kapitels (Datenformate) stellt die Konstruktion darüber hinaus die Forderung, dass nicht irgendwelche CAD-Daten herüberkommen, sondern die richtigen – also native SolidWorks-Dateien.

Es existiert eine Reihe von Anbietern von Normalien für Spritzgießwerkzeuge. Ohne Einschränkung der Allgemeingültigkeit werden im Folgenden die Normalien der Firmen **Hasco** verwendet. In den Konstruktionsübungen wird auf **Strack Norma** und **Meusburger** eingegangen. Sollten Sie die Normalien eines anderen Anbieters einsetzen, tut dies der Sache sicherlich keinen Abbruch, übertragen Sie die Vorgehensweise auf Ihre Arbeitsumgebung.

4.1 Werkzeugaufbau

Wenn Sie, wie im Folgenden beschrieben, die Normalien der Fa. **Hasco** benutzen, gehen Sie auf die Internet Seiten der Firma (www.Hasco.com). Dort befindet sich ein Link zum **Hasco-Daco-Modul**. Folgen Sie der Installationsanweisung und starten Sie das Programm.

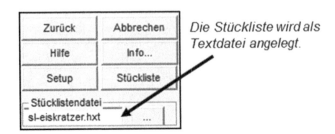

Die Stückliste wird als Textdatei angelegt.

Der einzige Eintrag, den Sie im Hauptmenü verändern, ist der Name und die Position der Stückliste. Geben Sie einen eingängigen Namen vor (**sl-eiskratzer.txt**) und bestimmen Sie einen sinnvollen Speicherort (z. B. den Ordner **Kap. 4**).

Der Charme des Programms liegt darin, dass für nicht allzu komplexe Werkzeuge ein abgestimmter Aufbau vorgeschlagen wird und die zugehörigen Normalien auf einen Schlag erzeugt werden.

Dies machen Sie sich zunutze: Der Eiskratzer lässt sich in einem Zweiplatten-Werkzeug erstellen; Hinterschnitte treten nicht auf, so dass auf Schieber und Kernzüge verzichtet werden kann. Wählen Sie daher im Hauptmenü *Werkzeugaufbau eckig* und im folgenden Schritt *Werkzeugaufbau 4*.

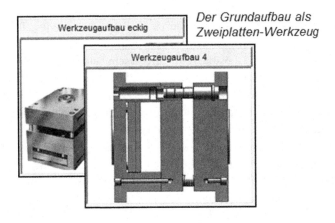

Der Grundaufbau als Zweiplatten-Werkzeug

Das Programm ist so aufgebaut, dass Sie sich von rechts nach links (von der Aufspannplatte der festen Seite bis zur Aufspannplatte der beweglichen Seite) vorarbeiten.

Zuerst einmal stellt sich die Frage nach den Grundabmaßen des Werkzeugs (gemeint sind die Länge und Breite der Formplatte). Ein Vergleich der Abmaße der Formeinsätze mit den möglichen Abmaßen der Formplatten lässt das Grundabmaß **246 × 296** sinnvoll erscheinen.

Klicken Sie auf *Werkzeuggröße ändern* und wählen Sie **246 × 296**. Der Schalter *Werkstoffe* könnte die Auswahl noch weiter einschränken, setzen Sie ihn hier jedoch besser nicht, da verschiedene Werkstoff-Qualitäten zum Einsatz kommen sollen, Abb. 4.1.

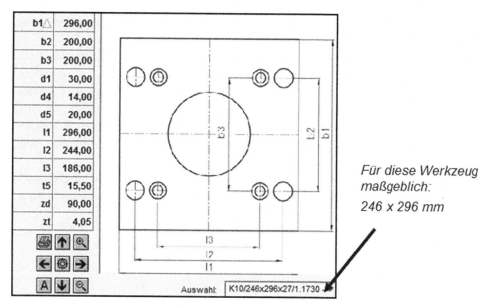

b1△	296,00
b2	200,00
b3	200,00
d1	30,00
d4	14,00
d5	20,00
l1	296,00
l2	244,00
l3	186,00
t5	15,50
zd	90,00
zt	4,05

Für diese Werkzeug maßgeblich:
246 x 296 mm

Auswahl K10/246x296x27/1.1730

Abb. 4.1 Das Grundabmaß bestimmt die weitere Auswahl

Sind diese Voreinstellungen gemacht, schränkt sich die Anzahl der Möglichkeiten für alles Weitere beträchtlich ein. Falls Sie keine Sondergröße wünschen, ist jetzt nur noch die Wahl der Plattenart, die -dicke sowie die Wahl des Werkstoffes möglich. Wählen Sie **K12, s = 27** mm sowie den Werkstoff **1.1730** und quittieren Sie mit einem Doppelklick.

Als nächstes in der Reihe von rechts nach links schließt sich die Formplatte der festen Seite an. Damit Sie sich beim Vor- und Zurückspringen im Auswahlmenü nicht rettungslos verheddern, wird im Grafikbereich die aktuelle Platte orange dargestellt.

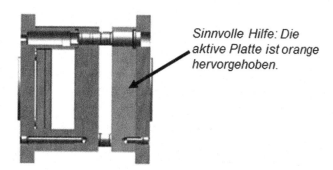

Sinnvolle Hilfe: Die aktive Platte ist orange hervorgehoben.

Wählen Sie hier **K20/246 × 296 × 76/1.2311**, für die darauf folgende Formplatte der beweglichen Platte **K20/246 × 296 × 46/1.2311**. Daran schließen sich die Leisten **K40/246 × 296 × 56/1.1730** an. Der Grundaufbau wird abgerundet durch das Auswerferpaket **K60/70/246×296** und die Aufspannplatte auf der beweglichen Seite **K13/246×296×27/1.1730**.

Wenn Sie die letzte Registerkarte abschließen, werden die Normalien in einem Programm namens **WorldCAT-CIF** dargestellt. Auf den ersten Blick fällt auf, dass die Normalien nicht nur irgendwo im Raum dargestellt, sondern auch korrekt positioniert werden. Eine, wie sofort einleuchtet, enorme Arbeitserleichterung.

Auf den zweiten Blick erkennt man, dass nicht nur die explizit gewählten Normalien dargestellt sind, sondern auch vieles von dem, was sonst noch zum Funktionieren eines Werkzeuges notwendig ist, wie z. B. Führungssäulen und -buchsen.

Vermutlich werden die meisten Anwender die Bauteile so schnell wie möglich nach SolidWorks exportieren wollen. **WorldCAT-CIF** lohnt jedoch durchaus für einen weiteren Blick, Abb. 4.2.

Mit den Schaltern *vorberechnete Darstellung* und *Maus rotiert* lässt sich ein guter Eindruck gewinnen, ob die Normalienauswahl grundsätzlich in Ordnung ist.

Allerdings befinden wir uns noch nicht im Programm SolidWorks. Um die Daten dorthin zu übernehmen, sind einige weitere Arbeitsschritte notwendig.

Falls Sie das erste Mal mit dieser Arbeitsumgebung arbeiten, sollten Sie sowohl die Voreinstellungen von SolidWorks, als auch von **WorldCAT-CIF** kontrollieren.

In **WorldCAT-CIF** setzen Sie unter *Standard/CAD-Systemanbindung* den Schalter *SolidWorks* in Ihrer aktuellen Jahres-Version. In SolidWorks setzen Sie unter *Extras/Zusatzanwendungen* das Häkchen bei *Dako*. Des Weiteren ist unter *Dako/Einstellungen* ein Baugruppenverzeichnis zu wählen. Geben Sie hier den gewünschten Speicherort auf Ihrem Rechnersystem vor.

Zurück in **WorldCAT-CIF** führen Sie den Befehl *CAD Übergabe/Exportieren der CAD-Geometrie* aus. Allerdings werden die Bauteile nun immer noch nicht in SolidWorks angelegt. Dies geschieht erst, wenn Sie in SolidWorks den Befehl *Dako/Importiere WorldCAT-Cif Geometrie* ausführen. Der Computer fängt nun ordentlich an zu rechnen; der Bildschirm füllt sich nach und nach mit den einzelnen Bauteilen, und ein Blick auf den Feature-Manager zeigt, dass parallel dazu eine Baugruppe erstellt wird.

Da es erfahrungsgemäß bei der Installation des **Hasco-Daco-Moduls** und der Wahl der Voreinstellung schon mal nicht ganz rund läuft, finden Sie die letzten Schritte hier noch einmal in einem Tipp zusammengefasst:

Abb. 4.2 Ein erster Eindruck vom neuen Werkzeug in WorldCAT-CIF

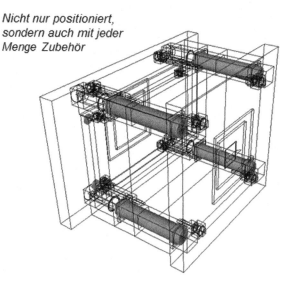

Nicht nur positioniert, sondern auch mit jeder Menge Zubehör

▶ **Tipp** Stellen Sie sicher, dass im Programm **WorldCAT-CIF** unter *Standard/CAD-Systemanbindung* die richtige SolidWorks-Version eingestellt ist. Vergewissern Sie sich, dass im Programm SolidWorks unter *Extras/Zusatzanwendungen* das Häkchen bei *Daco* gesetzt wurde. Und kontrollieren Sie, dass beide Programme geöffnet sind, bevor Sie mit dem Exportieren und Importieren beginnen.

4.2 Nachschlag erforderlich

Die im letzten Kapitel erstellte Baugruppe ist schon eine beeindruckende Sache. Viel schneller lässt sich, quasi aus dem Nichts, vermutlich kein Normaliensatz erstellen.

Natürlich kann dieser Normaliensatz nicht vollständig sein. Zu viele Bauteile sind durch die Einbaumaße der Spritzgießmaschine, die Formeinsätze oder ganz einfach durch die Vorlieben des Konstrukteurs beeinflusst. Tatsächlich ist die weitere Auswahl durch die Gegebenheiten in meinem Werkzeugbau und Spritzgießlabor bestimmt. Ich möchte Ihnen ausdrücklich empfehlen, von meinem roten Faden abzuweichen und Normalien nach Ihren Bedürfnissen auszuwählen.

Hier finden Sie ganz kommentarlos eine Liste mit den Bauteilen, die wir noch zusätzlich verwendet haben:

Positionsnummer	Anzahl	Bestellnummer	Benennung
1	6	Z41/2 × 200	Auswerferstift
2	1	Z02/10 × 100	Auswerferbolzen
3	1	Z56/15 × 10	Haltescheibe
4	1	Z60/11 × 90	Druckfeder
5	1	Z35/6 × 20	Gewindestift
6	1	Z31/6 × 20	Zylinderschraube
7	1	Z10/27/9	Führungsbuchse
8	4	Z87/9/10 × 1	Schlauchtülle
9	4	Z941/10 × 1	Verschlussschraube
10	2	Z942/6	Verschlussstopfen
11	1	Z121/246 396/5	Wärmeisolierplatte

Die Formeinsätze werden aus Platten (so genannten P-Normalien) gefertigt. Diese lassen sich jedoch nicht über WorldCAT-CIF erstellen. Zuletzt wurde noch der automatisch erstellte Zentrierflansch (K100/100 × 13) aus der Liste und der Baugruppe gelöscht und durch die Position 15 ersetzt.

12	1	P/156 196/66/2311	Platte
13	1	P/156 196/76/2311	Platte
14	1	P/095/095/27/2311	Platte
15	1	K100/110 × 13	Zentrierflansch

Wenn, wie im vorliegenden Beispiel, die Bestellnummern der gewünschten Normalien bekannt sind, geben Sie diese besser direkt im Hasco-Normalienmodul unter *Produktsuche* ein.

Beim Durchlaufen der Menüs werden Sie jeweils gefragt, ob Sie das *Einzelteil*, den *Bauraum* oder die *Skizze* übernehmen wollen. Wählen Sie zunächst *Einzelteil* und *Bauraum* – was es damit auf sich hat, klärt sich im übernächsten Kapitel.

Exportieren Sie die Geometrien aus **WorldCAT-CIF** und importieren Sie sie in Solid-Works (*Dako/Importiere WorldCAT-CIF Geometrie*).

▶ **Tipp** Wenn es im Grafikbereich aufgrund der großen Teilezahl unübersichtlich wird, blenden Sie die unerwünschten Bauteile aus: Gehen Sie mit einem Rechtsklick auf den Eintrag im Feature-Manager und wählen Sie *Ausblenden*.

1	1	K10/246x296x27/1.1730	Aufspannplatte	'1.1730	10294
2	1	K20 /246x296x76/1.2311	Formplatte	'1.2311	166901
3	1	K20 /246x296x46/1.2311	Formplatte	'1.2311	166880
4	2	K40/246x296x56/1.1730	Leisten	'1.1730	21776
5	1	K60/70 /246x296/1.1730	Auswerferpaket	'1.1730	25879
6	1	K12 /246x296x27/1.1730	Aufspannplatte	'1.1730	157538

Abb. 4.3 Auszug aus der Stücklistendatei im txt-Format

Im Feature-Manager existieren die üblichen Windowsfunktionalitäten, wie z. B. drag-and-drop und Steuerung-Pfeil-abwärts zum Aktivieren mehrerer Einträge.

Diesen Konstruktionsstand finden Sie im Ordner **Kap. 4** unter dem Namen **HBG-Wkz-Kratzer 1.sldasm** abgespeichert.

4.3 Stücklistendateien

Parallel zur Arbeit mit dem Hasco-Normalienmodul ist die Stückliste in zwei Formaten angelegt worden. Die Datei **sl-eiskratzer.hxf** dient zur Weiterverarbeitung im digitalen Katalog und zur Artikelbestellung.

Die Datei **sleiskratzer.txt** können Sie in einem Textverarbeitungsprogramm oder besser noch, in einem Tabellenkalkulationsprogramm aufrufen. Sie ist eine gute Kontrolle darüber, was Sie als Konstrukteur finanziell „angerichtet" haben, Abb. 4.3.

4.4 Bauraum

Wenn zugekaufte Bauteile in einer Konstruktion Verwendung finden, ist deren exakte geometrische Beschreibung eher nicht so interessant. Wen interessieren z. B. die Kugeln in einem Kugellager? Viel interessanter ist es da schon zu wissen, wie der exakte Einbauraum ausgestaltet werden muss. Zwar entspricht in vielen Fällen die Außenkontur des Zukaufteils der Innenkontur des Einbaus – aber eben nicht immer. Im Werkzeugbau ist dies z. B. bei Spritzdüsen und Auswerferstiften nicht der Fall.

Wird ausschließlich das Bauteil als CAD-Modell übernommen, so ist dies gewissermaßen nur die halbe Wahrheit. Die Suche im gedruckten oder elektronischen Katalog würde erst recht beginnen. Aber – auch hier bietet die CAD eine Lösung.

Es ist an der Zeit, einen kleinen Abstecher zu einer besonderen Fähigkeit der Hasco-Normalien zu machen. Dieser soll nicht auf der Basis der Bauteile des Eiskratzer-Werkzeuges geschehen, sondern an einer kleinen Test-Baugruppe.

Abb. 4.4 mit oder ohne Bauraum und Bearbeitung?

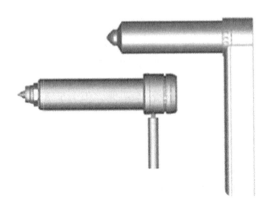

Vielleicht haben Sie sich auch schon gefragt, warum im Hasco-Normalienmodul gelegentlich nach der Auswahl der Teile die Frage nach der Verwendung des Bauraums auf-
taucht. Nun, diese Frage wird im Folgenden geklärt, Abb. 4.4.

Öffnen Sie im Ordner **Kap. 4** die Baugruppe **BG-Einbauraum** sowie die zugehörigen
Teile-Dateien. Es handelt sich um die Spritzdüse (**Z101 – 27 × 49**) aus dem Hasco-Katalog
sowie einen Quader namens **Block**.

In der Baugruppe sind die Teile so positioniert, dass die Düse zur Hälfte im Quader
liegt. Wie Sie sehen, besitzt die Düse nur an wenigen Stellen Passflächen und ist ansonsten
freigestellt. Da wäre es recht mühsam, sollte dieser Einbauraum nachträglich einkonstru-
iert werden.

Tatsächlich verbirgt sich die Information im ersten Eintrag des Feature-Managers der
Baugruppe. Er lautet **Einbauraum**. Als *Formnest* ausgeführt, erzeugt dieses Feature in den
umliegenden Bauteilen den gewünschten Bauraum.

Zur Erzeugung des Einbauraums gehen Sie folgender Maßen vor:

- Öffnen Sie das Bauteil **Block** zur Bearbeitung (Rechtsklick auf den Eintrag im Feature-
  baum, *Teil bearbeiten).*
- *Einfügen/Feature/Formnest.*
- Wählen Sie als Konstruktionskomponente das Bauteil **Einbauraum**.
- Schließen Sie das Menü mit **o.k.** ab.
- Beenden Sie die Bearbeitung des Bauteils **Block** (Rechtsklick auf den Eintrag im Fea-
  turebaum, *Baugruppe bearbeiten).*

Das lässt sich kontrollieren, indem Sie das Bauteil **Block** öffnen (Rechtsklick auf den Eintrag im Featurebaum, *Öffnen Block),* Abb. 4.5.

Die Möglichkeit den Einbauraum aufzulösen, bringt offensichtlich eine weitere starke
Arbeitserleichterung, Sie werden später im Eiskratzer-Werkzeug von ihr Gebrauch machen.

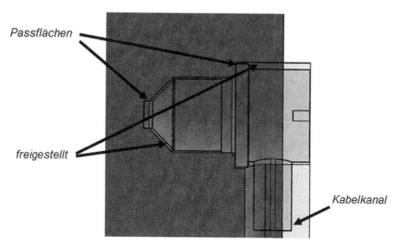

Abb. 4.5 Bauraum

4.5 Konstruktionsübungen

Sollten Sie erstmalig beabsichtigen, die Normalien eines bestimmten Anbieters zu verwenden, können Sie sich anhand einer der folgenden Konstruktionsübungen mit der jeweiligen spezifischen Arbeitsumgebung vertraut machen.

Gegenstand der Aufgaben ist es, einen Auswerferstift zu laden, in einen Block zu positionieren und den Bauraum zu erzeugen, Abb. 4.6.

Laden von Normalien und Erzeugen des Einbauraums (Hasco-Normalien)

Ein Auswerferstift der Fa. Hasco soll in ein Werkstück (hier: Quader) eingesetzt und sein Bauraum vom diesem Werkstück entfernt werden.

- Konstruieren Sie in SolidWorks einen Quader mit den Abmaßen $100 \times 100 \times 200$ mm und leiten Sie daraus eine Baugruppe ab.
- Verwenden Sie aus dem Hasco-Normalienmodul den Auswerferstift Z41/2 × 200. Wählen Sie die Optionen Einzelteil und Bauraum. Exportieren Sie die Geometrie aus WorldCAT-CIF und importieren Sie sie in SolidWorks.
- Positionieren Sie den Auswerferstift bündig (siehe Abbildung).
- Erzeugen Sie den Einbauraum im Quader.

Laden von Normalien und Erzeugen des Einbauraums (Meusburger-Normalien)

Ein Auswerferstift der Fa. Meusburger soll in ein Werkstück (hier: Quader) eingesetzt und sein Bauraum vom diesem Werkstück entfernt werden.

- Konstruieren Sie in SolidWorks einen Quader mit den Abmaßen $100 \times 100 \times 200$ mm und leiten Sie daraus eine Baugruppe ab.

Abb. 4.6 Bauteil und
Bauraum

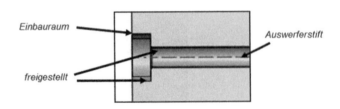

- Verwenden Sie aus dem Meusburger Katalog den Auswerferstift E 1700/2 × 200. Wählen Sie die Optionen Einzelteil und Bauraum. Exportieren Sie die Geometrie aus WorldCAT-CIF und importieren Sie sie in SolidWorks.
- Positionieren Sie den Auswerferstift bündig (siehe Abbildung).
- Erzeugen Sie den Einbauraum im Quader.

Laden von Normalien und Erzeugen des Einbauraums (Strack-Normalien)
Ein Auswerferstift der Fa. Strack soll in ein Werkstück (hier: Quader) eingesetzt und sein Bauraum vom diesem Werkstück entfernt werden.
- Konstruieren Sie in SolidWorks einen Quader mit den Abmaßen 100 × 100 × 200 mm und leiten Sie daraus eine Baugruppe ab.
- Verwenden Sie aus dem Strack-CAD-Portal den Auswerferstift Z90-D1-L1 (2 × 200). Importieren Sie die Geometrie in SolidWorks.
- Positionieren Sie den Auswerferstift bündig (siehe Abbildung).
- Erzeugen Sie den Einbauraum im Quader.

Videos zu den Konstruktionsübungen finden Sie unter www.hs-ansbach.de/csk.

Zusammenbau 5

In diesem Kapitel wird wieder „richtig" konstruiert. Die Funktionseinheiten, also die feste und bewegliche Seite sowie das Auswerfersystem werden angelegt und die Formnester in die Normalien eingebracht.

Im Folgenden werden die Normalien der Firma **Hasco** verwendet – es gilt jedoch auch hier: Sollten Sie einen anderen Anbieter bevorzugen, übertragen Sie die Vorgehensweise auf Ihre Arbeitsumgebung.

Wenn Sie gemäß Kap. 4.1 vorgegangen sind, dann befinden sich in der Werkzeugbaugruppe fast alle benötigten Einzelteile. („Fast" deshalb, weil im Laufe der Konstruktion noch kleinere Elemente für die Befestigung notwendig sind). Kamen die Bauteile aus dem **Hasco-3D-Normalienmodul** noch positioniert daher, so galt dies für die manuell nachgeladenen Bauteile jedoch nicht – auf dem Bildschirm sieht es mittlerweile ein wenig unaufgeräumt aus.

5.1 Unterbaugruppen für Funktionseinheiten

Öffnen Sie die Baugruppe **HBG Wkz-Kratzer 2.sldasm** aus dem Ordner **Kap. 5**. Bringen Sie Ordnung auf den Bildschirm und lassen Sie zusammenwachsen, was zusammengehört. Legen Sie daher Unterbaugruppen für die Funktionseinheiten, also die feste Seite, die bewegliche Seite, die Auswerfereinheit (und fürs Erste, die Kühlung) an.

Dies geschieht über den Befehl *Einfügen/Komponente/Neu Baugruppe*. Sie werden dann nach einem Namen gefragt. Verwenden Sie **UBG-FS** für die feste Seite und **UBG-BS** für die bewegliche Seite. Wiederholen Sie den Befehl um zu guter Letzt vier Ordner für die vier Funktionseinheiten zur Verfügung zu haben. Die Ordner werden am Ende des Featurebaums angefügt. Schieben Sie sie ans obere Ende.

U. Emmerich, *Spritzgießwerkzeuge mit SolidWorks effektiv konstruieren*, DOI 10.1007/978-3-658-05063-4_5, © Springer Fachmedien Wiesbaden 2014

Nun beginnt die Fleißarbeit. Jedes Bauteil ist in die dafür vorgesehene Baugruppe zu verschieben. Auch hier werden Sie vom Programm unterstützt. Blenden Sie die Unterbaugruppen aus (*Bearbeiten/Ausblenden*).

▶   **Tipp** Tatsächlich wird es ja kaum jemals notwendig sein, in allen Unterbau-
    gruppen gleichzeitig zu konstruieren. Lassen Sie die gerade nicht benötigten
    durch den Befehl *Ausblenden* (Rechtsklick auf den Eintrag im Featurebaum)
    verschwinden.

Sie können im Featurebaum durch klicken und ziehen ganze Bereiche aktivieren (z. B. die
Schrauben, die gleich vierfach Verwendung finden) und diese dann gemeinsam in eine
Unterbaugruppe verschieben.

Offensichtlich steckt im Aufräumen des Featurebaums einiges an Fleißarbeit. Falls Sie
sich diese ersparen möchten, können Sie den Schritt überspringen und die fertige Baugruppe aus dem Ordner **Kap. 5** laden (**HBG-Wkz-Kratzer 3**).

*Damit die Konstruktion
der Baugruppe nicht im
Chaos endet, ist es
erforderlich, die
Einzelteile in
Unterbaugruppen zu
verschieben.*

Neben der Verwendung von Unterbaugruppen gibt es noch eine weitere Möglichkeit, die
Übersicht zu erhöhen: Verwenden Sie Farbe! SolidWorks bietet verschiedene Möglichkeiten die Erscheinung von Bauteilen zu beeinflussen.

Ein Rechtsklick auf den Eintrag einer beliebigen Unterbaugruppe im Featurebaum
bringt Sie über den Befehl *Erscheinungsbild/Erscheinungsbild* in das folgende Eigenschaf-
ten-Menü, Abb. 5.1. Die Möglichkeit, Bauteile optisch zu beeinflussen, mag für verschiedene Anwendungen ihre Bedeutung haben, in der Werkzeugkonstruktion taugt sie am
ehesten noch dazu, die Übersicht zu verbessern.

Dazu werfen Sie einen Blick in das Menü *Anzeige-Fensterbereich* bei Baugruppen. Sie
erreichen es über den Doppelpfeil oberhalb des Featurebaums.

Im aufklappenden Menü bestehen – von links nach rechts – die Möglichkeiten,

• Baugruppen aus- und einzublenden,
• den Anzeigemodus zu verändern,

Abb. 5.1 Farbe bringt
Übersicht

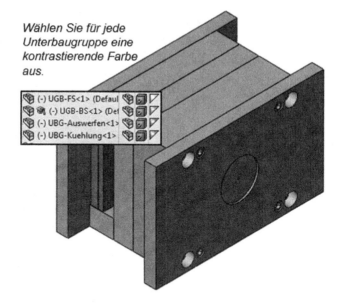

- die Farbe einer gesamten Baugruppe zu beeinflussen,
- Baugruppen in ihrer Textur und Transparenz zu manipulieren.

Der besondere Clou besteht darin, dass die Eigenschaften der Baugruppe erst einmal die Eigenschaften jedes Einzelteils überlagern.

Testen Sie dies, indem Sie ein Bauteil im Featurebaum aus einer Unterbaugruppe in eine andere verschieben – die Farbe im Grafikbereich ändert sich, obwohl die Bauteilfarbe die gleiche geblieben ist.

Nun kann es im Laufe einer Konstruktion aber erforderlich sein, dass die Anzeigeeigenschaften innerhalb einer Baugruppe variieren. In diesem Fall erweitern Sie die Unterbaugruppe durch einen Klick auf das kleine (+) im Featurebaum und verändern die *Anzeigeeigenschaften* des Bauteils.

Testen Sie dies, indem Sie die Unterbaugruppe **UBG-FS** erweitern und den Anzeigemodus der Aufspannplatte **K12-246 × 296** auf *Drahtdarstellung* (mit einem Linksklick auf die Ikone im Anzeigefensterbereich und dem Befehl *Drahtdarstellung*) setzen.

Abb. 5.2 Der Konstruktionsstand in der Schnittansicht

*Im Schnitt zeigt sich,
dass die frei gewählten
Normalien am
Baugruppennullpunkt
positioniert wurden.*

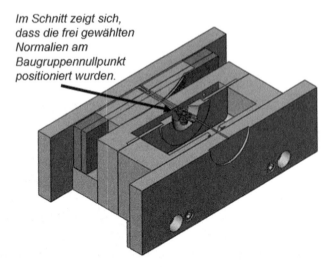

Um mit wenig Aufwand zu einer gleichmäßigen Darstellung zurückzufinden, sollten
Sie den Test mit einem Linksklick auf den Schalter *Anzeigemodus* und dem Befehl *Stan-
dardanzeige* abschließen. Wenn Sie mit dem Anzeigefensterbereich experimentieren, wird
offensichtlich, worin der Vorteil gegenüber dem Befehl *Komponenteneigenschaften* liegt:
Im Anzeigefensterbereich liegen die Farb- und TexturInformationen gebündelt vor und
können auf einen Schlag manipuliert werden.

Am Ende des Konstruktionsschrittes ist das Werkzeug in Unterbaugruppen unterteilt
und farblich geordnet. Es sollte sich auf dem Bildschirm in etwa wie in der folgenden
Darstellung präsentieren, Abb. 5.2. Speichern Sie den Zwischenstand unter dem Namen
HBG-Wkz-Kratzer 4 ab.

5.2 Bewegliche Seite

An die bewegliche Seite muss kaum Hand angelegt werden. Für den Augenblick reicht es,
das Formnest sowie die Führungshülse einzubauen.

Öffnen Sie die Baugruppe **UBG BS** aus dem Ordner **Kap. 5**. Laden Sie mit dem Befehl *Ein-
fügen/Komponente/Bestehendes Teil/Baugruppe* den **Formeinsatz BS 2** dazu.

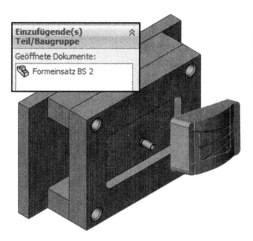

Positionieren Sie besser nicht mit der Maus im Grafikbereich, sondern schließen Sie den Befehl mit dem grünen Haken ab – der Formeinsatz wird auf diese Weise am Koordinaten-Nullpunkt fixiert.

Da die Koordinatensysteme schon übereinstimmend gewählt wurden, passt zwar die Ausrichtung der Koordinatenachsen, der Nullpunkt ist jedoch gegenüber der Einbauposition verschoben.

Ein Blick in den Featurebaum zeigt: Alle Bauteile sind mit (-) gekennzeichnet, also nicht fixiert. Dies ist ein gefährlicher Zustand, da bei Verknüpfungsoperationen evtl. die falsche Komponente verschoben wird. Fixieren Sie darum alles, von dem Sie annehmen können, dass es nicht mehr verschoben wird. Diese Teile sind dann mit (f) gekennzeichnet. Aktivieren Sie dazu alle Bauteile im Featurebaum. Führen Sie einen Rechtsklick aus und wählen Sie *Fixieren*.

Nun geht es ans Verknüpfen. Falls Sie noch nicht besonders sattelfest dabei sind, gehen Sie am besten ganz schematisch vor – Fehlervermeidung geht hier eindeutig vor Geschwindigkeit. Kleine Abkürzungen ergeben sich im Laufe der Zeit ganz von ganz allein.

Verwenden Sie bei den Verknüpfungen so viele deckungsgleiche Ebenen wie möglich. In der vorliegenden Unterbaugruppe sollen jeweils die **Ebene Vorne** von Baugruppe und Formeinsatz sowie die **Ebene Oben** deckungsgleich liegen.

Erstellen Sie die beiden Verknüpfungen mittels *Einfügen/Verknüpfungen* und der Option *Deckungsgleich*, Abb. 5.3.

Als kleiner Qualitäts-Check bietet sich der Befehl *Komponente verschieben* an.

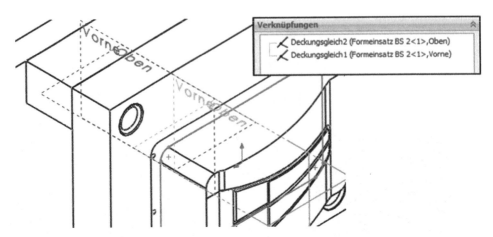

Abb. 5.3 Deckungsgleiche Ebenen

Wenn Sie ihn ausführen, ist als Freiheitsgrad nur mehr die Bewegung entlang der x-Achse übrig geblieben. Das *freie Ziehen* ist damit auf eine lineare Bewegung eingeschränkt.

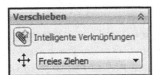

Nutzen Sie den verbleibenden Freiheitsgrad und positionieren Sie den Formeinsatz etwas in der Formplatte versenkt.

Das passgenaue Positionieren des Einsatzes in der Formplatte **K20-246 × 296** erfolgt über eine Verknüpfung auf den Abstand **25 mm**. Wählen Sie dafür die Koordinatenursprünge der Formplatte **K20-246 × 296** und des Formeinsatzes im aufklappenden Menü im Grafik-bereich aus.

Räumen Sie – falls noch nicht geschehen – den Featurebaum auf, indem Sie die drei neu entstandenen Verknüpfungen in einen benannten Unterordner verschieben. Die Positio-nierung der Führungsbuchse (**Z10279**) in der Aufspannplatte (**K13-246 × 296 × 27**) erfolgt ganz analog. Auch hier bietet es sich an, jeweils die Mittelebenen **Ebene Oben** und **Ebene Vorne** deckungsgleich zu bringen.

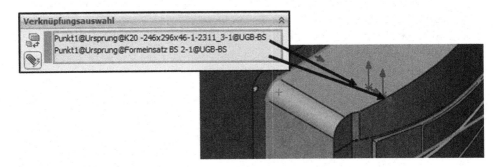

Abb. 5.4 Der Weg zur abgeleiteten Skizze

- *Teil bearbeiten*
- *Skizze aktivieren*
- *Strg-Taste drücken*
- *Trennfläche anklicken*

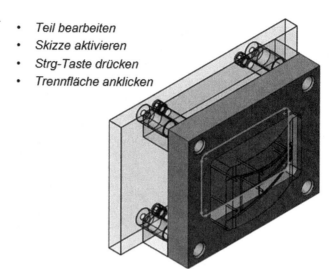

Um die Buchse in der Aufspannplatte zu versenken, verwenden Sie ebenfalls die Verknüpfung *Deckungsgleich*. Klicken Sie dieses Mal jedoch zwei passende Flächen im Grafikbereich an, damit die Buchse, wie in Abb. 5.4, mit der Aufspannplatte abschließt.

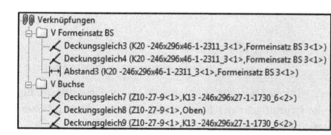

Ohne Namen und Struktur wird eine spätere Fehlersuche zum Abenteuer

Räumen Sie zuletzt noch den Featurebaum auf, indem Sie die Verknüpfungen in den benannten Unterordner **V Buchse** verschieben. Die bewegliche Seite des Werkzeugs sieht nun praktisch so aus, wie in Abb. 5.4 dargestellt.

5.2.1 Tasche

Offensichtlich fehlen noch eine Bohrung für die Führungsbuchse sowie die Tasche für den Einsatz. Um die Bohrung werden Sie sich später kümmern, doch die Tasche soll nun mit Hilfe einer abgeleiteten Skizze erstellt werden.

Eine *Abgeleitete Skizze* basiert auf einer anderen Skizze in der gleichen Baugruppe. Ändert sich die ursprüngliche Skizze, ändert sich auch die abgeleitete. Somit ist die Durchgängigkeit bei einer Änderung sichergestellt.

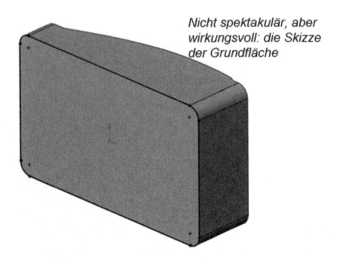

*Nicht spektakulär, aber
wirkungsvoll: die Skizze
der Grundfläche*

Allerding existiert noch keine geeignete Skizze; sie muss erst noch angelegt werden. Gehen Sie mit einem Rechtsklick auf den Eintrag **Formeinsatz BS 2**. Ihnen wird dann sowohl die Befehle *Teil bearbeiten* als auch *Teil öffnet* angeboten. Beide Wege führen zum Ziel, der direktere lautet in diesem Fall *Teil öffnen*.

Bislang ist der Formeinsatz noch gar nicht bearbeitet. Der letzte Eintrag im Featurebaum lautet **Basisteil-Kratzer 11**.

Die Skizze, die Sie nun anlegen, wird nichts anderes beinhalten als die Grundfläche des Einsatzes. Dazu aktivieren Sie die Grundfläche des Einsatzes im Grafikbereich und übernehmen die Kontur mit dem Befehl *Extras/Skizzieren/Elemente übernehmen*.

Benennen Sie die Skizze **Sk Position Tasche**. Schließen Sie Datei nun wieder, und kehren Sie in die Unterbaugruppe **UBG-BS 2** zurück.

Öffnen Sie im Featurebaum mit einem Rechtsklick die Formplatte **K20-246 × 296 × 46**. Wählen Sie *Teil bearbeiten*. Aktivieren Sie die Skizze **Sk Position Tasche** im Featurebaum. Halten Sie die Strg-Taste gedrückt und positionieren Sie die Skizze auf der Werkzeugtrennfläche (durch klicken, auf keinen Fall jedoch durch ziehen!), die ja gleichzeitig die Oberfläche der Formplatte ist. Schließen Sie die Befehlsfolge mit *Einfügen/abgeleitete Skizze* ab.

Abb. 5.5 Frästasche

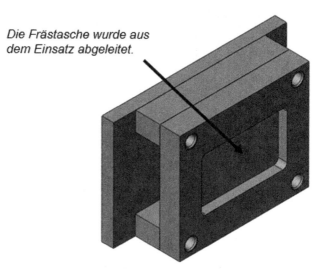

Die Frästasche wurde aus dem Einsatz abgeleitet.

Noch ist die Komponente in Bearbeitung. Mit einem wiederholten Klick auf die Ikone *Teil bearbeiten* beendet das Programm die Konstruktionsfolge.

Von jetzt an geht es ganz konventionell weiter: Öffnen Sie die Formplatte zur Bearbeitung (Rechtsklick im Featurebaum; *Teil öffnen*). Sie finden dann die Skizze mit dem Namen **Skizze-abgeleitet** am Ende des Featurebaums. Erzeugen Sie durch einen linear ausgetragenen Schnitt von **25 mm** Tiefe die Tasche (*Einfügen/Schnitt/Linear ausgetragen*).

Speichern Sie den Konstruktionsstand unter dem Namen **UBG-BS 2** ab, er entspricht Abb. 5.5.

5.3 Auswerfereinheit

Bei der Auswerfereinheit sind die neu hinzugekommenen Teile zu positionieren und die Auswerferstifte einzupassen. Das Positionieren ist Routinearbeit. Öffnen Sie die Unterbaugruppe **UBG-Auswerfen** im Ordner **Kap. 5**.

Beginnen Sie am besten damit, dass Sie alle Teile, welche nicht mehr verschoben werden sollen, fixieren. Dies ist einfacher, als es auf den ersten Blick erscheint, wie Sie in der Abbildung sehen.

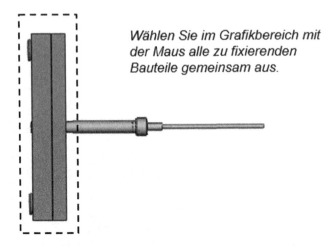

*Wählen Sie im Grafikbereich mit
der Maus alle zu fixierenden
Bauteile gemeinsam aus.*

Fixieren Sie dann die Teile (Rechtsklick, *Fixieren*). Blenden Sie die fixierten Teile bis auf die Auswerfergrundplatte (**K70-246×296×17**) aus (Rechtsklick; *Ausblenden*). Nun ist der Bildschirm recht übersichtlich und die Verknüpfungen können erstellt werden.

Positionieren Sie die Bauteile in etwa so, wie sie in einer Explosionsansicht dargestellt würden. Dabei hilft Ihnen der Befehl *Komponente verschieben/Entlang Kante*.

Damit der Konstruktionsschritt nicht zur Fleißarbeit ausartet, existiert die Möglichkeit zur Mehrfachverknüpfung. Der Gedanke dabei ist, auf eine gemeinsame Referenz, z. B. auf einen Koordinatenursprung, beliebig viele Bauteile gleichzeitig auszurichten.

Starten Sie den Befehl *Einfügen/Verknüpfung*, und aktivieren Sie die Option **Modus Mehrfachverknüpfungen**. Als Gemeinsame *Referenz* wählen Sie den **Ursprung** der Auswerfergrundplatte (**K70**) und als *Komponenten-Referenzen* beliebige-Zylinderflächen der Bauteile.

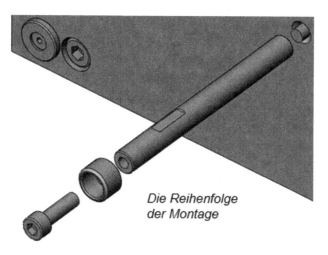

Die Reihenfolge
der Montage

Als *Standardverknüpfung* geben Sie den Typ *Konzentrisch* vor. Setzen Sie noch das Häkchen bei *Mehrfach-Verknüpfungsordner erstellen* und schließen das Befehlsmenü ab. Die restlichen Verknüpfungen werden mit der Option *Deckungsgleich* angelegt.

Im Featurebaum sind die Mehrfachverknüpfungen mit einer eigenen Ikone gekennzeichnet. Geben Sie diesem Ordner den Namen **MV Auswerferstange** und speichern Sie die Baugruppe unter dem Namen **UBG-Auswerfen 2**.

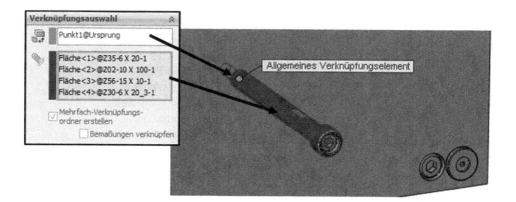

5.3.1   Auswerferstifte

Um bei der Positionierung und dem Trimmen der Auswerferstifte nicht den Überblick zu verlieren, sind einige Vorbereitungen notwendig.

Da gibt es zum Beispiel das Problem, dass bislang nur ein Stift in der Baugruppe vorhanden ist, zur Funktion jedoch sechs Stifte benötigt werden. Dann sollte die Position der Stifte durch eine einzige Skizze gesteuert werden. Und zu guter Letzt muss jeder einzelne Stift eine individuelle Länge und Endfläche bekommen.

Als erstes wird der Stift geeignet präpariert. Öffnen Sie die Datei des Auswerferstiftes **Z41 × 3 × 200** mit einem Rechtsklick und dem Befehl *Teil öffnen*. Erstellen Sie auf dem dünnen Ende eine Skizze, die nichts anderes als den Kreisquerschnitt des Stifts enthält. Benennen Sie die Skizze **Sk Basis**. (Diese Skizze wird später zum für das Trimmen mittels *Linear ausgetragenem Schnitt* verwendet).

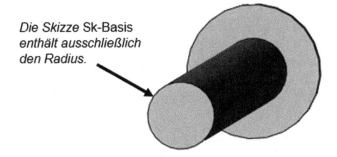

Die Skizze Sk-Basis enthält ausschließlich den Radius.

Das Problem der sechs unterschiedlichen Längen wird mittels *Konfigurationen* gelöst. Für die Verwaltung von Konfigurationen gibt es einen eigenen Manager. Sie erreichen ihn über den Reiter im Feature-Manager.

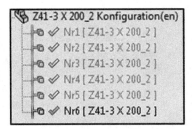

Ähnlich, jedoch nicht gleich: Da die Stifte unterschiedlich abgelängt werden, benötigen sie jeweils eine eigene Konfiguration.

Öffnen Sie den Konfigurations-Manager. Bislang befindet sich dort nur der Eintrag **Default**. Die weiteren fünf Konfigurationen erzeugen Sie mit einem Rechtsklick auf den Bauteilnamen und dem Befehl *Konfiguration hinzufügen*.

Legen Sie für jeden Stift eine eigene Konfiguration an, und benennen Sie sie **Nr1** bis **Nr6**. (Sie benötigen genau sechs Auswerferstifte – benennen Sie daher die Konfiguration **Default** in **Nr1** um).

Im Folgenden muss ein wenig gemogelt werden. Der Grund sind die Trimmflächen, die erst später entstehen.

Legen Sie einen *Linear ausgetragenen Schnitt* mit der eben erstellten Skizze **Sk Basis** und der Option **Blind 10 mm** an. Benennen Sie den Schnitt **Trimmen Auswerfer.**

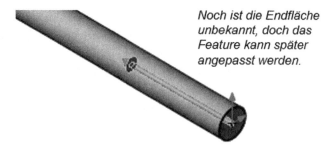

Noch ist die Endfläche unbekannt, doch das Feature kann später angepasst werden.

Damit sich die Stifte später wirklich unterscheiden, ist es erforderlich, das Feature *Linear ausgetragener Schnitt* konfigurationsabhängig zu machen. Dies geschieht mit einem Rechtsklick auf das Feature und den Befehl *Feature-Eigenschaften.*

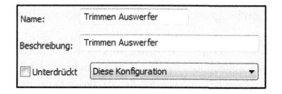

Im Eigenschaftenmenü wird die Option Diese Konfiguration *gewählt.*

Im nächsten Schritt wird der Auswerferstift in der Baugruppe versechsfacht. Dies geschieht in bekannter Windows-Manier mit den Befehlen *Kopieren* und *Einfügen*.

Aktivieren Sie dazu den Stift im Featurebaum und führen einmal den Befehl *Bearbeiten/ Kopieren* und fünfmal den Befehl *Bearbeiten/Einfügen* aus.

Diese Vorgehensweise führt dazu, dass alle Stifte am gleichen Ort im Grafikbereich dargestellt werden – also nicht sichtbar sind. Mit Hilfe von *Komponente verschieben* tauchen sie nach und nach wieder auf.

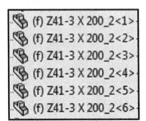

Aus eins mach sechs – der Auswerferstift in sechs unterschiedlichen Konfigurationen.

Diese Stifte werden jedoch von SolidWorks faktisch wie ein einzelner betrachtet, der sich eben an sechs verschiedenen Positionen befindet. Sie müssen also „individualisiert" werden. Gehen Sie dazu mit einem Rechtklick auf die jeweiligen Einträge im Featurebaum und wählen Sie *Komponenteneigenschaften*. Im sich öffnenden Menü ordnen Sie nun jedem Stift eine andere Konfiguration zu.

Speichern Sie die Unterbaugruppe unter dem Namen **UBG-Auswerfen 2**.

5.3.2 Auswerferbild

Für das Auswerferbild muss etwas weiter ausgeholt werden. Dessen Informationen sind üblicherweise an den Formeinsatz gekoppelt – und der befindet sich in der Unterbaugruppe der beweglichen Seite.

Das einzige verbindende Element zwischen ihm und der Auswerfereinheit ist die Hauptbaugruppe. Öffnen Sie daher die Hauptbaugruppe **HBG-Wkz-Kratzer 5** aus dem **Ordner Kap. 5**.

In der Hauptbaugruppe öffnen Sie die Unterbaugruppe **UBG-BS 2** mit einem Rechtklick und dem Befehl *Teil öffnen*. Und in der Unterbaugruppe öffnen Sie den **Formeinsatz BS 3**.

Erzeugen Sie auf der Bodenseite des Einsatzes eine Skizze (**Sk Auswerferbild**) für die Startpunkte. Sie besteht aus sechs Punkten, die vom Ursprung aus, wie in Abb. 5.6 dargestellt, bemaßt werden. Speichern Sie die Datei unter dem Namen **Formeinsatz BS 3**.

Im nächsten Schritt werden die Stifte positioniert. Dies geschieht auf bekannte Weise mit einer *abgeleiteten Skizze*. Da die erforderliche Skizze in der Hauptbaugruppe angelegt wurde, wechseln Sie dort hin.

Das Auswerferbild befindet sich auf dem Formeinsatz – benötigt wird es jedoch in der Auswerfereinheit auf der Rückseite der Platte **K60-70-246×296**. Dies ist ein Job für die in Kap. 5.2.1 beschriebene *Abgeleitete Skizze*. Aber Vorsicht! Die einzige Chance, den Überblick bei der kommenden Operation zu behalten, besteht darin, im Vorfeld möglichst viele nicht benötigte Teile auszublenden.

Nachdem dies geschehen ist, klicken Sie auf Platte **K60-70-246×296**. Wählen Sie *Teil bearbeiten*. Aktivieren Sie im **Formeinsatz BS 3** die **Skizze Sk Auswerferbild**, halten Sie die Strg-Taste gedrückt und positionieren Sie die Skizze im Bildbereich auf der Platte

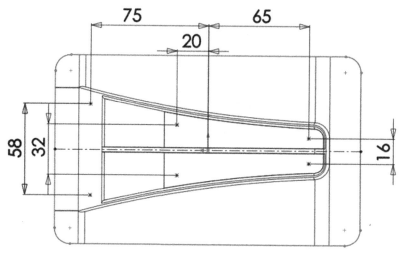

Abb. 5.6 Skizze für die Startpunkte der Auswerferbohrungen

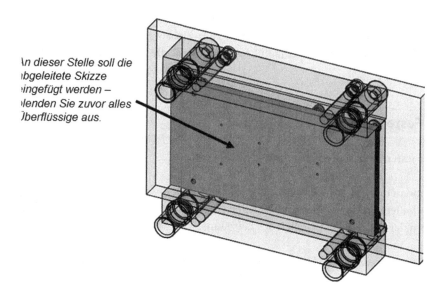

In dieser Stelle soll die abgeleitete Skizze eingefügt werden – wenden Sie zuvor alles Überflüssige aus.

Abb. 5.7 Abgeleitete Skizze auf der Auswerferplatte

K60-70-246 × 296 (auf der hinteren Seite). Wählen Sie *Einfügen/abgeleitete Skizze*. Auf der Rückseite der Platte befindet sich nun die abgeleitete Skizze mit dem Auswerferbild. Schließen Sie die Befehlsfolge mit *Teil bearbeiten* ab, Abb. 5.7.

Das Positionieren der Stifte erfolgt in bekannter Weise in der Unterbaugruppe **UBG Aus-werfen**. Verwenden Sie wieder den Befehl *Verknüpfungen*. Aufgrund der guten Vorbereitung ist jeweils nur der *Ursprung* des Auswerferstiftes mit einem Punkt auf der Skizze in Deckung zu bringen, Abb. 5.8.

Es bleibt noch ein letzter Schritt: das Trimmen. Dabei sind die einzelnen Stifte mit den Oberflächenelementen des **Formeinsatz BS** zu schneiden.

Aktivieren Sie einen einzelnen Stift mit *Teil/bearbeiten*. Ein Blick in den Featurebaum zeigt: Der Lineare Schnitt ist schon früher angelegt worden, jedoch fehlte zu diesem Zeit-punkt die Trimmfläche. Mittlerweile befinden sich die benötigten Informationen in der Unterbaugruppe **UBG Auswerfen**.

Nehmen Sie sich den ersten Auswerferstift vor: Aktivieren Sie den Eintrag *Trimmen Aus-werfer* mit einem Rechtsklick und *Feature bearbeiten*. Wählen Sie dann die Menü-Einträge wie in der Abb. 5.9 dargestellt. Mit der Option *bis Oberfläche* wird der ursprüngliche Ein-trag *Blind* ersetzt.

Da zum Trimmen unterschiedliche Flächen zum Einsatz kommen, ist diese Vorgehens-weise für jeden Stift einzeln durchzuführen und jeweils die Option *Diese Konfiguration* zu wählen.

5.4 Feste Seite

Auf der festen Seite stehen die folgenden Aufgaben an:

- Positionieren von Wärmeisolierplatte und Zentrierflansch
- Positionieren des Einsatzes und Erstellen einer Tasche in der Formplatte
- Laden der Düse sowie Erstellen des Bauraums.

Öffnen Sie dazu direkt die Unterbaugruppe **UBG-FS** aus dem Ordner **Kap. 5**. Fixieren Sie alle Bauteile außer dem Zentrierflansch (**K100**) und der Wärmeisolierplatte (**Z121**).

▶   **Tipp** Sie können im Featurebaum wie auf der Windows-Oberfläche arbeiten. Verschieben Sie z. B. die nicht zu fixierenden Teile an das Ende der Liste und ziehen Sie mit der Maus einen Kasten um alle zu bearbeitenden Einträge. Die Einträge werden damit auf einen Schlag aktiv und können mit einem Rechts-klick fixiert werden.

Abb. 5.8 Die eingebauten
Auswerferstifte

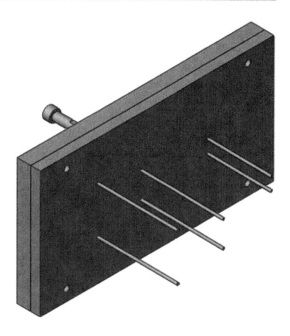

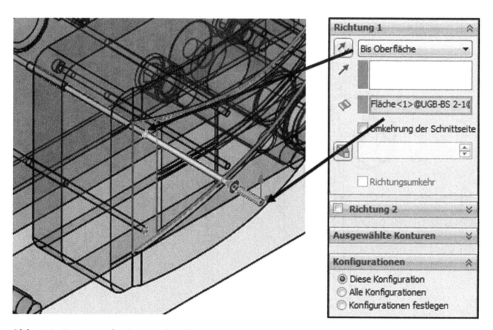

Abb. 5.9 Trimmen der Auswerferstifte

Laden Sie den **Formeinsatz FS 2** aus demselben Kapitel dazu (*Einfügen/Komponente/Bestehendes Teil*). Die Wärmeisolierplatte (**Z121**) und der Zentrierflansch (**K100**) werden z. B. über Ebenen-verknüpfungen und die Option *Deckungsgleich* eingebaut.

Eine Besonderheit tritt nur beim Formeinsatz auf. Er wird in der Formplatte (**K20**) versenkt. Wählen Sie hier die Verknüpfungsoption *Abstand* und geben einen Abstand zur Werkzeugtrennung von **65 mm** vor. Mit der gleichen Tiefe soll in der Formplatte (**K20**) eine Frästasche entstehen. Dies geschieht genau wie im Kap. 5.2.1 beschrieben und soll daher an dieser Stelle nur in Kürze gestreift werden:

Beginnen Sie damit, auf der Rückseite des **Formeinsatzes FS 2** eine Skizze der Grundfläche anzulegen. Erstellen Sie daraufhin auf der Formplatte (**K20**) eine *Abgeleitete Skizze*. Auf Basis dieser abgeleiteten Skizze erzeugen Sie einen *Linear ausgetragenen Schnitt* von **65 mm** Tiefe. Am Ende soll die Konstruktion den Stand von Abb. 5.10 haben.

Die Düse erfordert eine Sonderbehandlung. Auf den gesamten Mechanismus des Ex- und Importierens sowie des Bauraumerzeugens wurde in Kap. 4.1.3 genauer eingegangen, so dass an diesem Ort nur die erforderlichen Schritte in Bezug auf das vorliegende Werkzeug beschrieben werden.

Starten Sie ggf. das **Hasco** 3D-Normalienmodul und klicken sich durch die Menüs (*Z-Normalien/Angiessen/Beheizte Düsen/Z103-Z103M/Z103 Standard*) und wählen die Düse **Z103/32 × 61 × 1,5**. Im folgenden Menü beantworten Sie die Fragen nach dem Bauraum mit **Ja** und wählen die Option *Einzelteil*. Daraufhin wird die Düse samt Bauraum im Programm WorldCAT-CIF aufgebaut.

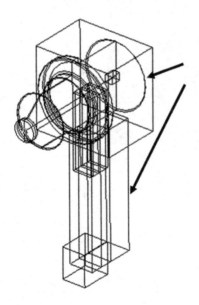

Ein erster Eindruck von
Düse und Einbauraum
im Programm
WordCAT-CIF.

Abb. 5.10 Feste Seite (ohne
Düse)

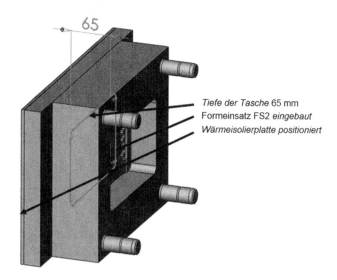

Tiefe der Tasche 65 mm
Formeinsatz FS2 eingebaut
Wärmeisolierplatte positioniert

Abb. 5.11 Erhöhter Aufwand:
Einbau der Düse

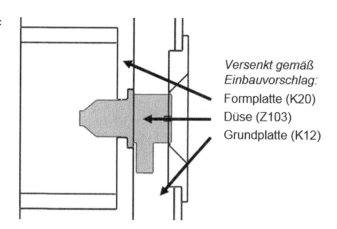

*Versenkt gemäß
Einbauvorschlag:*
Formplatte (K20)
Düse (Z103)
Grundplatte (K12)

Exportieren Sie das Teil mit *Exportieren der CAD-Geometrie* aus WorldCAT-CIF.

Zurück in SolidWorks in der **UBG-FS 2** führen Sie den Import mit *Dako/Importiere
WorldCAT-CIF Geometrie* durch. Die Düse wird entsprechend dem Einbauvorschlag der
Firma **Hasco** zwischen der Grundplatte (**K12**) und der Formplatte (**K20**) verbaut, siehe
Abb. 5.11.

Abb. 5.12 Der Einbauraum im
Detail

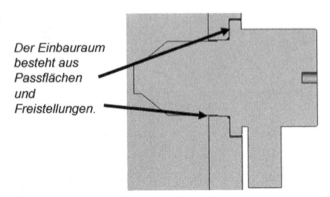

Der Einbauraum
besteht aus
Passflächen
und
Freistellungen.

Die erforderlichen Verknüpfungen können jeweils mit der Ebenen-Option *Deckungsgleich* angelegt werden. Erzeugen Sie den Einbauraum in der Formplatte (**K20**). Speichern Sie die Baugruppe unter dem Namen **UGB-FS 2**, Abb. 5.12. Die Aussparungen für den Einbauraum können daraufhin nach der im Kap. 4 beschriebenen Vorgehensweise erzeugt werden.

Bidirektional und parametrisch funktioniert das Ganze jedoch leider nicht. Sollten später Änderungen vorgenommen werden, wie z. B. die Verwendung einer anderen Düse, dann wird diese Veränderung nicht in die Bauteile übertragen. Der Befehl hat noch eine andere Schwäche: Üblicherweise wird mehr weggeschnitten als erwünscht ist. Es ist also bei realen Aufgaben noch ein wenig Nacharbeit in den betroffenen Bauteilen notwendig. Aber letztlich ist die Hauptarbeit jetzt getan.

Kühlung

6

Mittlerweile sieht das Werkzeug schon recht vollständig aus. Mit Ausnahme kleinerer Elemente, wie z. B. Schrauben und Passstiften, befinden sich alle Bauteile an ihrem Platz. Was fehlt, sind die zugehörigen Bearbeitungen, die Löcher und Gewinde. Selbst wenn man die schon in den Normalien vorgefertigten Bohrungen vernachlässigt, bleibt da eine erschreckend hohe Zahl übrig, die das Werkzeug zuletzt Löcher durchsetzt wie Schweizer Käse erscheinen lassen. Schlimmer jedoch: Da letztlich zu jedem Bauteil ein Einbauraum, ein Loch oder ein Gewinde gehört, wird sich die Konstruktionszeit auf konventionellem Wege vermutlich verdoppeln.

Glücklicherweise unterstützt SolidWorks den Anwender auf mancherlei Art, z. B. durch den Bohrungsassistenten. Dessen Idee ist es, eine einmal angelegte Bohrung an verschiedenen Stellen anzuwenden. In unserem Werkzeug wird der Bohrungsassistent für die Kühlbohrungen zum Einsatz kommen.

6.1 Kühlbohrungen

Je ein Kühlkreislauf soll sich auf einer einzigen Ebene in den beiden Formplatten befinden. Die Kühlwasseranschlüsse erfolgen durch Schlauchtüllen, die Blindbohrungen werden durch Verschlussschrauben abgedichtet. Zur Vorbereitung werden daher benötigt:

- eine *Skizze* der Startpunkte der Bohrungen,
- ein *Favorit* für ein Gewindekernloch **M10 × 1,0**,
- ein *Favorit* für eine Kühlbohrung mit Durchmesser **6 mm**.

Öffnen Sie im Ordner **Kap. 6** die Unterbaugruppe der festen Seite **UBG-FS 3**. Öffnen Sie in der Unterbaugruppe mit einem Rechtsklick im Featurebaum und dem Befehl *Teil*

U. Emmerich, *Spritzgießwerkzeuge mit SolidWorks effektiv konstruieren*,
DOI 10.1007/978-3-658-05063-4_6, © Springer Fachmedien Wiesbaden 2014

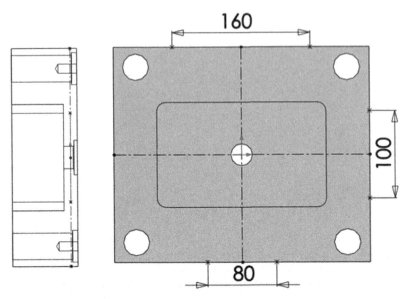

Abb. 6.1 Skizze der Startpunkte für die Kühlbohrungen

öffnen die Formplatte **K20-246 × 296 × 76-1-2311-3** (sie befindet sich ebenfalls im Ordner **Kap. 6**).

Erstellen Sie die Ebene, auf der sich die Bohrungen befinden werden. Beziehen Sie diese Ebene auf die **Ebene rechts** und geben sie ihr den Abstand **68 mm** (*Einfügen/Referenzgeometrie/Ebene*). Benennen Sie sie **E Kühlung**. Auf dieser Ebene erzeugen Sie eine Skizze **Sk Kühlung**, aus der die Lage der Startpunkte für die Bohrung hervorgeht. Die Einträge sind in Abb. 6.1 dargestellt.

Aktivieren Sie die obere Fläche der Formplatte. Öffnen Sie daraufhin den *Bohrungsassistenten*. Er befindet sich im Feature-Werkzeugkasten (*Einfügen/Features/Bohrungen/Assistent*).

Im oberen Teil der Maske werden die grundsätzlich unterstützten Typen angezeigt. Wählen Sie hier den Typ *Gewindebohrung*. Unter *Norm* befindet sich ein Eintrag *DIN*. Wählen Sie ihn aus, und vervollständigen Sie die Einträge wie in der folgenden Grafik dargestellt. Die weiteren Optionen wählen Sie, der Übersicht halber, ab.

Die Stärke des Assistenten besteht insbesondere darin, dass die Einträge nachträglich angepasst werden können – Sie müssen sich also zu diesem Zeitpunkt noch nicht unbedingt über die genaue Dimensionierung der Kühlung sicher sein, Abb. 6.2.

Die zweite Registerkarte des Assistenten bezieht sich auf die Positionierung der Bohrungen.

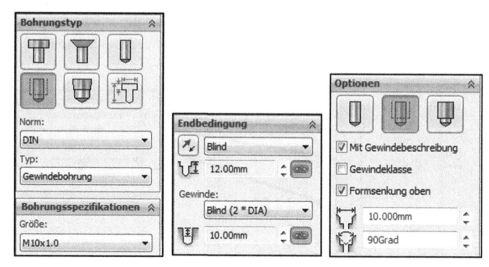

Abb. 6.2 Menü des Bohrungsassistenten

Der Cursor verändert sich zu einem Stift. Klicken Sie zunächst einmal an beliebiger Stelle auf die zu bohrende Fläche – der zugrunde liegende Mechanismus wird später geklärt.

Der Favorit für die Gewindekernbohrung M10 ist angelegt.

Hat man die „Mutter aller Gewindekernbohrungen" einmal erstellt, so sollte man sie als *Favorit* abspeichern. Oben in der Registerkarte *Typ* können Sie dies tun. Klicken Sie auf *Favoriten hinzufügen*. Der vorgeschlagene Name **M10 × 1,0 Gewindekernloch** kann akzeptiert werden. In Zukunft wird dieser Eintrag unter den Favoriten gelistet. Schließen Sie den Bohrungsassistenten mit **o.k.** (grüner Haken) ab, Abb. 6.3.

▶ **Tipp** Der Bohrungsassistent tendiert dazu, die Positionierung, statt als *Skizze* als *3D-Skizze* anzulegen. Vermutlich ist dies selten Ihre Konstruktionsabsicht. Sie können dies verhindern, indem Sie vor dem Start des Assistenten die zu bohrende Fläche aktivieren.

Kontrollieren Sie im Feature-Baum, wie SolidWorks Ihre Einträge umgesetzt hat, Abb. 6.3. Das Feature wird aus zwei Skizzen aufgebaut. Die eine beschreibt den Querschnitt der Bohrung (**Sk Bohrungsquerschnitt**), die zweite die Position des Startpunktes (**Sk Startpunkte oben**). Zusätzlich hängt noch die Gewindedarstellung für die spätere Zeichnung am Bohrungsfeature. (Die Namen sind zum besseren Verständnis modifiziert).

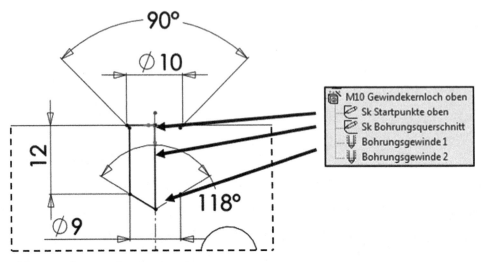

Abb. 6.3 Bohren mit dem Assistenten

Mit einem Doppelklick auf den Eintrag im Featurebaum werden die verwendeten Durchmesser und Winkel im Grafikbereich eingesetzt – stellen Sie sich vor, Sie hätten dies alles manuell konstruieren müssen. Wie schon im Vorspann zu diesem Kapitel gesagt: Glücklicherweise gibt es den Bohrungsassistenten.

Doch dies ist gewissermaßen nur die halbe Wahrheit – denn es fehlen noch die Kühlbohrungen.

Starten Sie den Bohrungsassistenten erneut. Wählen Sie dieses Mal die Optionen:

- Bohrungsspezifikation: *Bohrung*
- Norm: *DIN*
- Größe: **6 mm**
- Endbedingung: *Blind*, **30 mm**

und speichern Sie diesen Favoriten unter dem Namen **ø6 Kühlbohrung** ab.

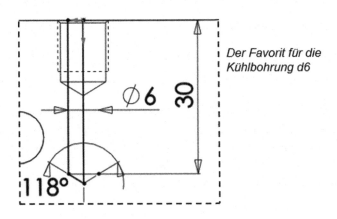

Der Favorit für die Kühlbohrung d6

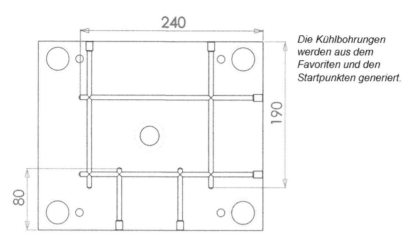

Die Kühlbohrungen werden aus dem Favoriten und den Startpunkten generiert.

Abb. 6.4 Tiefe der Kühlbohrungen

Verwenden Sie den Assistenten am besten so: Die Lage und Anzahl der Bohrungen legen Sie mit der Startpunkt-Skizze fest, die Länge der Kühlbohrungen verändern Sie jedoch im Feature.

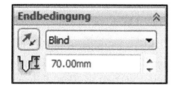

Modifikation leicht gemacht: Im Bohrungsassistenten befinden sich die Lochtiefen – hier die Tiefe der Kühlbohrung – unter Endbedingungen.

Nun ist es nur noch eine Fleißarbeit, die jeweils drei Paare von Gewindekernbohrungen und Kühlbohrungen zu erzeugen. Durchlaufen Sie jeweils den Bohrungsassistenten, wählen Sie die Favoriten und klicken für die Position auf die Skizzenpunkte auf der **Sk Kühlung**. Zuletzt modifizieren Sie noch die Tiefe der Bohrungen, wie in der folgenden Abbildung angegeben, Abb. 6.4.

▶ **Tipp** Der Vollständigkeit halber sei noch erwähnt, dass der Bohrungsassistent auch in der Lage ist, auf beliebigen Oberflächen mit Hilfe von 3D-Skizzen die Startpunkte zu positionieren. Dieser, in der Werkzeugkonstruktion eher selten nachgefragten Fähigkeit, steht jedoch die etwas aufwendigere Handhabung der 3D-Skizzen gegenüber.

Speichern Sie die gebohrte Formplatte unter **K20-246 × 296 × 76-4** und schließen Sie die Dateien.

Es ist an der Zeit, in der Hauptbaugruppe weiter aufzuräumen. Laden Sie die **HBG-Wkz-Kratzer 7** aus dem Ordner **Kap. 6**. Hier ist der Konstruktionsstand abgebildet, der bislang erreicht wurde. Verschieben Sie dann die für die Kühlung erforderlichen Bauteile in die **UBG-FS**. Die **UBG-Kühlung** ist von nun an leer und überflüssig, sie kann aus der Hauptbaugruppe gelöscht werden.

Die Verknüpfung der Kühlungselemente mit der Formplatte bringt wenig neue Erkenntnisse, ist jedoch eine Probe, ob die Arbeit mit den Bohrungsassistenten fehlerfrei war.

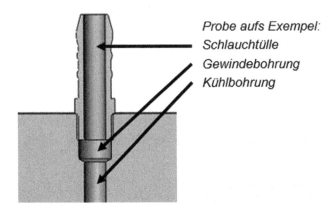

Probe aufs Exempel:
Schlauchtülle
Gewindebohrung
Kühlbohrung

Die Vorgehensweise bei der Konstruktion der Kühlung in der beweglichen Seite (**Formplatte BS**) ist praktisch identisch und soll daher hier nicht weiter vertieft werden. Führen Sie die gleichen Operationen durch. Dies geht relativ schnell, wenn Sie eine Ebene für die Kühlbohrungen erzeugen (Abstand **30 mm**) und dann die Skizze für die Startpunkte kopieren.

Tatsächlich ist es hier einmal sinnvoll, die üblichen Windows-Befehle *Bearbeiten/Kopieren* und *Bearbeiten/Einfügen* zu verwenden. Es handelt sich dann zwar nicht um eine abgeleitete Skizze, das ist jedoch auch nicht erwünscht, da die Kühlbohrungen in den beiden Platten ähnlich, aber nicht völlig identisch platziert sind.

6.2 Smarte Gewindestifte

Der Bohrungsassistent beschleunigt die Konstruktion schon erheblich, weitere Zeit kann mit der gemeinsamen Verwaltung von Bohrung und Bauteil eingespart werden. Erfreulicherweise unterstützt SolidWorks den Anwender bei diesem Problem durch die *Intelligenten Bauteile* (englisch: Smart Parts).

Im Kapitel Normalien hatten Sie erfahren, dass den Normalien nicht nur die Geometrieinformation des Bauteils, sondern auch der Einbauraum mitgegeben werden kann. Dies kann man sich, in etwas veränderter Form, zu Nutze machen.

In diesem Beispiel kommen die Intelligenten Bauteile für den Gewindestift der Auswerferstange zum Einsatz. (Der Vollständigkeit halber sei erwähnt, dass hier mit Kanonen auf Spatzen geschossen wird – aber an einfachen Teilen lernt es sich leichter).

Erstellen Sie ein neues Bauteil. Es soll sich um einen kleinen Zylinder von **3 cm** Durchmesser und **3 cm** Länge handeln. In diesen bringen Sie mit dem Bohrassistenten auf bekannte Weise ein Gewindekernloch für den **Gewindestift M6** mit den folgenden Maßen ein:

- Norm: *DIN*
- Endbedingungen: *Blind*
- Blindbohrungstiefe: **17 mm**
- Gewindetiefe: **12 mm**
- *Formsenkung oben.*

Vermeiden Sie, einen häufigen Konstruktionsfehler einzubringen, der sich erst viel später auswirkt. Dieser besteht darin, dass – unbeabsichtigt – zwischen dem Startpunkt der Bohrung und irgendetwas anderem (z. B. dem Koordinatenursprung) eine Referenz erstellt wird. Diese Referenz wird später für die Positionierung des Bohrlochs verwendet. Die Folge davon wäre, dass der Stift nicht im Gewindeloch sitzt.

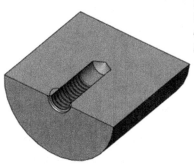

Der erste Schritt zum Intelligenten Bauteil: die Konstruktion des Features.

Achten Sie daher darauf, dass der Startpunkt der Bohrung unterdefiniert ist, auch wenn Ihnen dies auf den ersten Blick eher ungewöhnlich erscheint. In einer Schnittdarstellung wird sich das Bauteil wie abgebildet zeigen.

Erstellen Sie aus diesem Bauteil eine Baugruppe (*Datei/Baugruppe aus Teil erstellen*), und laden Sie den Gewindestift (**Z35**) aus dem Ordner **Kap. 6.** (*Einfügen/Komponente/Bestehendes Teil*). Positionieren Sie das Ganze wie in der Realität montiert.

Wenn alles an Ort und Stelle ist, wechseln Sie in die Baugruppe und führen den Befehl *Extras/Intelligente Komponente erstellen* aus. Wählen Sie als Intelligente Komponente den Stift und als Feature das Gewindekernloch aus (Aktivieren Sie die Einträge besser im aufklappenden Menü als durch Anpicken im Grafikbereich).

SolidWorks ordnet nun dem Modell des Gewindestifts die Informationen, welche für das Gewindekernloch benötigt werden, zu. In der Baugruppe hat sich scheinbar nichts verändert – außer, dass im Featurebaum der Gewindestift mit einem Stern gekennzeichnet ist. Die Informationen verbergen sich also in der Bauteildatei des Stiftes.

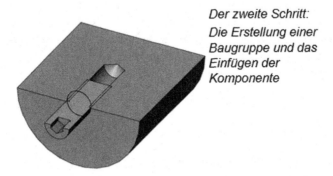

Der zweite Schritt:
Die Erstellung einer
Baugruppe und das
Einfügen der
Komponente

Um dies zu prüfen, öffnen Sie die Modelldatei des Gewindestifts (*Rechtsklick/Teil öffnen*).

Zunächst einmal fällt auch hier auf, dass die Ikone verändert ist, Abb. 6.5. Sie besitzt zusätzlich ein kleines Sternchen. Im Featurebaum befinden sich einige Einträge, die die damit verbundenen Informationen genauer beschreiben. Als *Feature* ist die **M6 Gewindekernbohrung** genannt und als *Referenz* eine Fläche zum Positionieren. Dies bedeutet, dass damit alle benötigten Informationen vor Ort sind. Sie könnten die erzeugende Baugruppe löschen. Speichern Sie aber auf jeden Fall den Gewindestift unter dem Namen **Z35-2**.

Abb. 6.5 Sieht harmlos aus,
hat es aber in sich: der smarte
Gewindestift

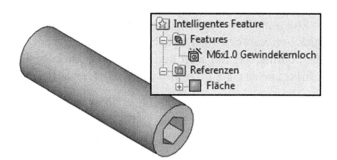

Ob die letzten Konstruktionsschritte erfolgreich waren, stellt sich jedoch erst in einem
Test heraus. Konstruieren Sie dazu einen Quader **50 × 50 × 50 mm**. Leiten davon eine Baugruppe ab (*Datei/Baugruppe aus Teil erstellen*) und fügen Sie den smarten Gewindestift
ein. Führen Sie einen Rechtsklick in der Baugruppe auf den Stift aus, und wählen Sie *Intelligente Features einfügen*. Sie werden dann nach Referenzen für die zu bohrenden Fläche
gefragt. Klicken Sie auf das Bauteil.

Nun zeigt sich der Erfolg oder Misserfolg der Operation: Entsteht die Bohrung am richtigen Platz, ist das Ziel erreicht, wenn nicht, muss nachgebessert werden.

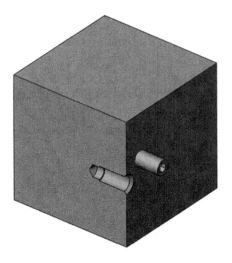

Falsche Referenzen:
Die Komponente und das
Feature sind unterschiedlich
positioniert.

Dazu öffnen Sie die Bauteildatei des Quaders und kontrollieren den Featurebaum. Die
Informationen zu den intelligenten Features sind einzeln dargestellt und können beliebig
angewählt werden. Hier lässt sich das Malheur dann schnell korrigieren, indem Sie die
Skizze, die die Bohrung positioniert, verändern.

Die grundsätzliche Lösung des Problems sieht jedoch anders aus. Dazu müssen Sie zurück zum Start des Unterkapitels (siehe Abbildung: „der erste Schritt"). Positionieren Sie die Bohrung frei von allen Beziehungen. Durchlaufen Sie die folgenden Konstruktionsschritte und zu guter Letzt wird das Ergebnis fehlerfrei sein.

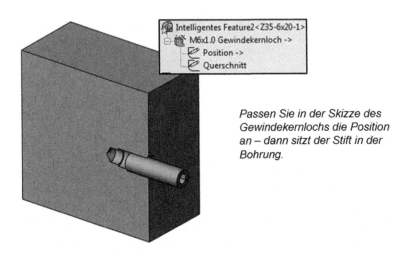

Passen Sie in der Skizze des Gewindekernlochs die Position an – dann sitzt der Stift in der Bohrung.

Nicht ungewöhnlich ist auch eine andere Panne: Sie werden bei der Erstellung des *intelligenten Features* nach Referenzen gefragt, die in der Konstruktion gar nicht mehr existieren. Hier hilft der folgende Tipp weiter.

▶   **Tipp** Häufig passiert es unabsichtlich, dass bei der Erstellung der intelligenten Komponente Referenzen erzeugt wurden, die sich im Bauteil nicht wiederfinden. Dies wird dadurch korrigiert, dass die fehlerhafte Referenz bis in die Skizze, von der sie ausgeht, verfolgt wird und dort gelöscht wird.

Nach diesen etwas längeren Vorüberlegungen sind Sie in der Lage, den Gewindestift samt Bohrung recht effektiv und schnell in der Auswerferstange anzulegen.

Laden Sie die **UBG Auswerfen 2** aus dem Ordner **Kap. 5**. Löschen Sie den alten Gewindestift **Z35-6 × 20**, und laden Sie stattdessen den neuerstellten Stift **Z35-2**. Positionieren Sie den Stift in der Auswerferstange (**Z02**). Achten sie dabei darauf, dass der Innensechskant in die richtige Richtung zeigt – sonst wird das Loch in die Auswerferstange statt in die Auswerfergrundplatte gebohrt.

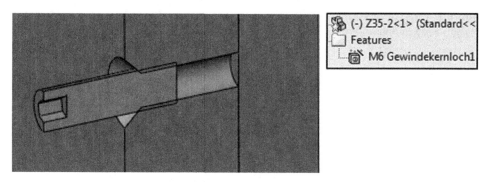

Abb. 6.6 Gebohrt und montiert: der Gewindestift in der Auswerfergrundplatte

Verknüpfen Sie Stift und Auswerferstange z. B. mit der Option *Konzentrisch*.

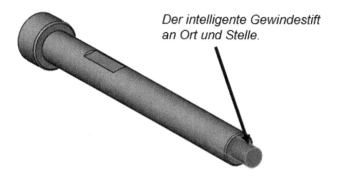

*Der intelligente Gewindestift
an Ort und Stelle.*

Fügen Sie abschließend in der **UGB Auswerfen** das Intelligente Feature ein (Rechtsklick
im Featurebaum auf **Z35**, *Intelligente Features einfügen*), Abb. 6.6.

6.3 Auswerferbohrungen

Die folgende Abb. 6.7 soll einen Eindruck auf die kommende Aufgabe, das Erzeugen der
Auswerferbohrungen, vermitteln. Mit dem bisher besprochenen Handwerkzeug ist der
Konstrukteur dazu zwar in der Lage, allerdings birgt die umfangreiche manuelle Arbeit
noch erhebliches Rationalisierungspotential.

Zur Automatisierung der Arbeitsabläufe verwenden Sie eine *Bohrungsserie* (*Einfügen/Bau-
gruppenfeature/Bohrung/Bohrungsserie*).

Abb. 6.7 Vorgeschmack auf
die notwendigen Bohrungen

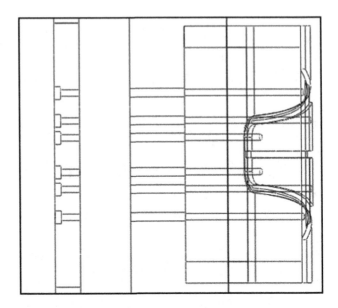

Öffnen Sie die Hauptgruppe **HBG Wkz-Kratzer 8** aus dem Ordner **Kap. 6**. Blenden Sie alle nichtbetroffenen Bauteile aus. Dies ist gar nicht so trivial, wie es sich liest, da sich die Bauteile in unterschiedlichen Unterbaugruppen befinden. Ein eleganter Weg ist der folgende:

Aktivieren Sie die drei zu bohrenden Bauteile durch Anklicken im Grafikbereich.

- Auswerferplatte **K60-70**
- Formplatte der beweglichen Seite **K20**
- **Formeinsatz BS**.

Invertieren Sie die Auswahl (Rechtsklick im Featurebaum, *Auswahl invertieren*). Nun sind alle nichtbetroffenen Bauteile aktiv. Blenden Sie sie aus (Rechtsklick, *Komponente Ausblenden*). Im Grafikbereich bleiben nur noch die drei interessierenden Bauteile übrig.

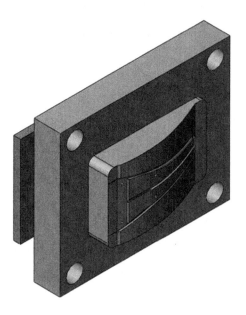

Blenden Sie zur Vorbereitung auf die Serienbohrung alles Überflüssige aus dem Grafikbereich aus.

Nun wird in der Auswerferplatte **K60-70** eine passende Formsenkung für einen Auswerferstift angelegt. Die funktioniert genauso, wie vor einigen Seiten für den Gewindestift beschrieben. Öffnen Sie in der Hauptbaugruppe mit einem Rechtsklick und dem Befehl *Teil öffnen* die Auswerferplatte **K60-70**.

Erzeugen Sie dann eine Stirnsenkung mit dem Bohrungsassistenten (*Einfügen/Features/ Bohrung/Assistent*). Bevor Sie den Assistenten starten, klicken Sie besser schon einmal auf die zu bohrenden Fläche – so vermeiden Sie die Anlage einer 3D-Skizze. Verwenden Sie die angegebenen Werte und legen Sie sie als **Favorit D3 Bohrung Auswerferstift** ab, Abb. 6.8.

Nachdem Sie den Assistenten abgeschlossen haben, nehmen Sie sich die Skizze der Bohrungs-Startpunkte vor. Zum Glück stehen hier alle relevanten Informationen im Featurebaum untereinander.

Blenden Sie die abgeleitete Skizze ein (*Rechtsklick, Einblenden*). Öffnen Sie dann die Skizze **Aufwerferpositionen** zur Bearbeitung (Rechtsklick, *Skizze bearbeiten*) und legen die sechs Startpunkte an. Mit Abschluss des Befehls liegt die Platte korrekt vor.

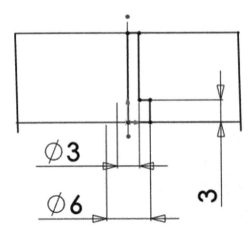
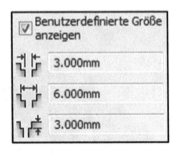

Abb. 6.8 Skizze der Bohrung für den Auswerferstift

Speichern und schließen Sie die Bauteildatei und wechseln Sie zurück in die Hauptbaugruppe des Werkzeugs.

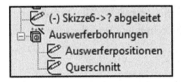

Alles Erforderliche auf einen Blick:

- *In der* abgeleiteten Skizze *befinden sich die* Startpunkte.
- *In der Skizze* Auswerferpositionen *werden sie weiterverarbeitet.*

Nun geht es darum, eine Bohrungsserie zu erzeugen, die neben der Auswerferplatte auch die Formplatte und den Formeinsatz erfasst.

Aktivieren Sie die Startfläche für die Bohrungen auf der Auswerferplatte **K60-70**. Starten Sie den Assistenten für die Serienbohrungen (*Einfügen/Baugruppenfeature/Bohrung/Bohrungsserie*). Wählen Sie in der ersten Maske die Option *Bestehende Bohrung verwenden* und klicken im aufklappenden Menü auf die gerade angelegte Auswerferbohrung.

Die nächste Registerkarte fragt nach der *Mittelbohrungsspezifikation*. Üblicherweise wird der Auswerferstift hier freigestellt: Wählen Sie also einen Bohrungsdurchmesser **4 mm**. Als *Endbohrungsspezifikation* wählen Sie dann wieder den Stiftdurchmesser von **3 mm**. Schließen Sie den Assistenten ab.

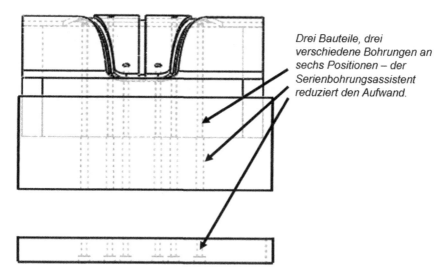

Drei Bauteile, drei
verschiedene Bohrungen an
sechs Positionen – der
Serienbohrungsassistent
reduziert den Aufwand.

Abb. 6.9 Die gebohrten Platten

Mit Abschluss des Befehls besitzen alle gewünschten Einzelteile in den Unterbaugruppen **Auswerfen** und **Bewegliche Seite** die erforderlichen Bohrungen, Abb. 6.9.

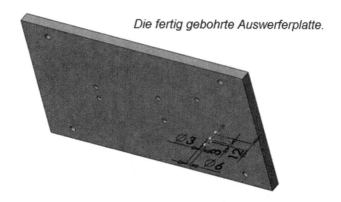

Die fertig gebohrte Auswerferplatte.

Selbstverständlich sind diese Bohrungen parametrisch verknüpft. Nur beziehen sich die Referenzen dieses Mal auf andere Bauteile, es sind sog. *Externe Referenzen*.

Sie können dies nachvollziehen, indem Sie z. B. die Formplatte **K20** öffnen und einen Blick auf den Featurebaum werfen, Abb. 6.10.

Dort ist mit dem Bohrungsassistenten ein Durchgangsloch angelegt worden. Sowohl das Bohrungs-Feature, als auch die Positionsskizze basieren auf Referenzen (erkennbar am –>). Diese Referenzen finden Sie mit einem Rechtsklick und dem Befehl *Auflisten externer Referenzen*. (Die *Externen Referenzen* sind in den Kap. 3.5 und 3.6 behandelt worden).

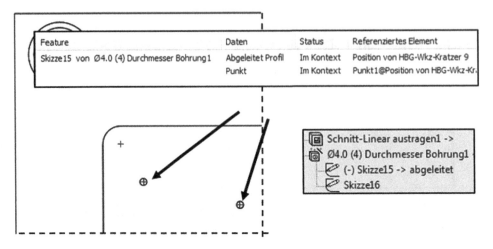

Feature	Daten	Status	Referenziertes Element
Skizze15 von Ø4.0 (4) Durchmesser Bohrung1	Abgeleitet Profil	Im Kontext	Position von HBG-Wkz-Kratzer 9
	Punkt	Im Kontext	Punkt1@Position von HBG-Wkz-Kr.

Abb. 6.10 Externe Referenzen

6.4 Materialdurchdringungen

Als nächstes ist die Frage zu klären, wie ausgeschlossen werden kann, dass es zu Material-durchdringungen kommt – schließlich ist ein Spritzgießwerkzeug viel zu komplex, als dass die „Technik des scharfen Hinguckens" ausreicht, um alle kleinen Fehler und Mängel auf-zufinden.

SolidWorks bietet dazu unter dem Begriff „Interferenzprüfung" einen Weg an, der in der Theorie recht einfach erscheint, praktisch jedoch, wie Sie sehen werden, einige Tücken hat.

Um den Überblick zu behalten, arbeiten Sie übungshalber nicht am Gesamtmodell, son-dern an der Unterbaugruppe **UBG-BS 2** aus dem Ordner **Kap. 5**. Starten Sie die Inter-ferenzprüfung mit *Extras/Interferenzprüfung*. Unter *Optionen* wählen Sie *Interferierende Körper transparent machen*. Unter *Nichtinterferierende Komponenten* bietet es sich an, *Aus-geblendet* einzustellen. Danach lassen Sie die Berechnung durchführen.

In den üblichen Demonstrationsübungen befinden sich daraufhin in der Ergebnisliste ein oder zwei Einträge – die sich im Folgenden mit wenigen Klicks korrigieren lassen. In einer realen Konstruktion dagegen gilt regelmäßig: Die Ergebnisliste will nicht enden.

Als erstes sollten Sie die Interferenzen einmal durchscrollen. Bei der gewählten Einstel-lung wird alles Überflüssige ausgeblendet, nur die sich durchdringenden Komponenten werden dargestellt, und das von beiden beanspruchte Volumen wird rot gekennzeichnet.

Abb. 6.11 Interferierende
Komponenten

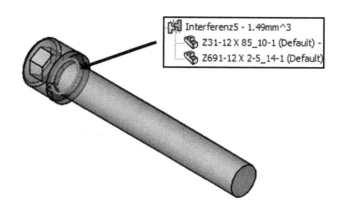

Vermutlich werden Ihre Ergebnisse im Detail von den hier beschriebenen abweichen.
Grundsätzlich läuft es jedoch immer auf die im Folgenden beschriebenen drei Ursachen
hinaus.

6.4.1   Kleinigkeiten

Eine typische Interferenz tritt zwischen der Schraube **Z31** und der zugehörigen Scheibe
auf. Das fragliche Volumen beträgt gerade mal **1,49 mm3**, ist also verschwindend gering,
Abb. 6.11.

Der Werkzeugkonstrukteur ist schuldlos, da die konstruktive Auslegung vom Hasco-
Daco-Normalienmodul automatisch erzeugt wurde. Bei genauerer Betrachtung zeigt sich,
dass sich die Flächen des Schraubenschaftes und der Scheibenbohrung ein wenig durchdringen.

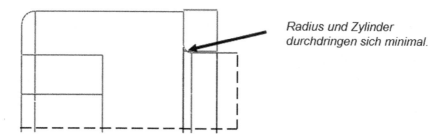

*Radius und Zylinder
durchdringen sich minimal.*

Falls Ihr Kunde nun nicht gerade die Interferenzfreiheit in den Vertrag geschrieben hat,
gehen Sie mit einem Rechtsklick auf den Eintrag im Featurebaum und wählen den Listeneintrag *Ignorieren*. Damit verschwindet der Eintrag fürs Erste aus der Ergebnisliste. Auf
diese Weise lassen sich recht schnell alle „Kleinigkeiten" in der Baugruppe abarbeiten.

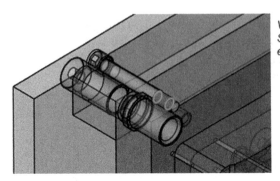

Verbindungselemente wie z.B.
Schraubgewinde durchdringen
einander.

Abb. 6.12 Gewinde interferieren

Eigenschaftsname	Typ		Wert / Textausdruck	Evaluierter Wert
Name	Text	▼	Z31-12 X 85_7	Z31-12 X 85_7
Lieferant	Text	▼	HASCO	HASCO
Beschreibung	Text	▼	HASCO Zylinderschraub	HASCO Zylinderschraube
IsFastener	Anzahl	▼	1	1

Abb. 6.13 Selten benutzt: die Dateiinformationen

6.4.2 Interferenzen an Gewinden

Nun gibt es aber Konstruktionselemente, die sich sozusagen auf natürliche Weise durchdringen. In unserem Werkzeug sind dies die Gewinde, Abb. 6.12.

Hier bietet SolidWorks den Weg an, die Schraube von vornherein als Verbindungsele-
ment zu kennzeichnen, um als solches während der Interferenzprüfung erkannt zu werden.

Erweitern Sie in der Ergebnisliste den gewünschten Eintrag durch einen Klick auf das
(+)-Zeichen. Öffnen Sie dann die Schraube (**Z31-12** × **85**) mit einem Rechtsklick und dem
Befehl *Teil öffnen*. Wählen Sie daraufhin *Datei/Eigenschaften*. Stellen Sie unter *Benutzer-
definiert* für den Eigenschaftsnamen **IsFastener** ein; für den *Typ* den Eintrag **Anzahl** und
für den *Wert* eine **1**, Abb. 6.13.

Zurück in der Interferenzprüfung setzen Sie unter *Optionen* das Häkchen bei *Verbin-
dungselementordner erstellen*. Bei einer erneuten Berechnung werden alle Schrauben, die
Sie entsprechend gekennzeichnet haben, mitsamt ihrer Interferenzen in den genannten
Ordner verschoben.

Tatsächlich birgt die Funktion aber die Gefahr, dass echte Konstruktionsfehler in Zusammenhang mit der Schraube nicht erkannt werden. Hier bringt die Funktion wenig
mehr als Fleißarbeit ein. Ich möchte ihr dennoch zu Gute halten, dass Fälle denkbar sind
(Gleichteile, Verwendung der Toolbox), wo sich mittelfristig tatsächlich eine Arbeitsein-
sparung ergibt.

Abb. 6.14 Lohn der Mühe:
das (fast) vollständige
Werkzeug

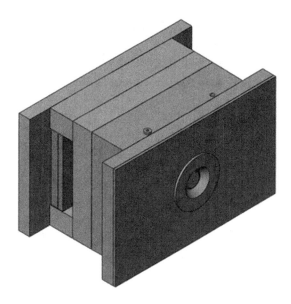

6.4.3 Fehler

Nachdem nun alles beiseite geräumt ist, was den Blick verstellt, bleibt ein einziger Konstruktionsfehler übrig. Des Rätsels Lösung ist einfach: Es wurde bislang kein Loch in die Aufspannplatte **K13** gebohrt.

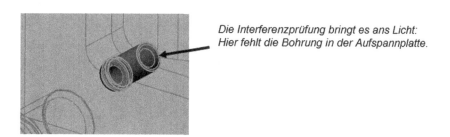

Die Interferenzprüfung bringt es ans Licht:
Hier fehlt die Bohrung in der Aufspannplatte.

Von nun an gelten jedoch die üblichen Regeln des CAD. (Im vorliegenden Beispiel würde sich die Verwendung eines Intelligenten Teils oder des Einbauraums anbieten).

Mit dieser Operation soll die Konstruktion des Werkzeugs als abgeschlossen betrachtet werden. Bei genauerer Betrachtung wird Ihnen auffallen, dass noch einiges an Detailarbeit fehlt, doch dabei handelt es sich meines Erachtens eher um Fleißarbeit als um echtes Neuland.

Wenden wir uns in den nächsten Kapiteln daher Themen zu, die die Werkzeugkonstruktion weiter automatisieren und ihre Qualität absichern, Abb. 6.14.

6.5   Konstruktionsübung

Bohrungsfavorit; Intelligentes Feature, Intelligente Komponente

Erstellen Sie eine „Intelligente Kühlbohrung" auf Basis einer Schlauchtülle, bestehend aus:

- Normalie (Schlauchtülle)
- Bohrungsfavorit (Gewindebohrung, Kühlbohrung)
- Intelligentes Feature (o. g. Bohrungsfavorit)

Anmerkung: die ersten Unterpunkte entsprechen der in diesem Kapitel beschriebenen Vorgehensweise. Verwenden Sie daher ggf. die bereits angelegten Dateien und Favoriten.

- Legen Sie einen Favoriten für ein Gewindekernloch M10 × 1,0 an.
- Legen Sie einen Favoriten für eine Kühlbohrung d = 6 mm an.
- Öffnen Sie die Datei Schlauchtuelle aus dem Ordner Übungen und erstellen aus dem Bauteil eine Intelligente Komponente, die als Intelligentes Feature die beiden Favoriten enthält.
- Testen Sie die Intelligente Komponente an einem beliebigen Quader.

Steigerung der Produktivität 7

7.1 Konstruktionsbibliothek

Die Verwendung gleicher Bauteile oder Features wird in jedem Konstrukteur spätestens beim dritten Mal den Wunsch aufkommen lassen, eine Konstruktionsbibliothek zu besitzen, zu pflegen und zu erweitern. Selbstverständlich besteht zwar immer die Möglichkeit, alte Baugruppen zu recyceln, es geht jedoch auch eleganter.

Beginnen Sie mit dem Naheliegenden. Legen Sie Teile, die Sie wiederholt verwenden wollen, in der programmeigenen Konstruktionsbibliothek ab.

Falls die Bibliothek nicht ohnehin seit der Erstinstallation von SolidWorks vorhanden ist, gehen Sie folgendermaßen vor: Installieren Sie die *Toolbox* unter *Extras/ Zusatzanwendungen*. Stellen Sie sicher, dass der *Task-Fensterbereich* aktiv ist (*Ansicht/ Task-Fensterbereich*).

Konfigurieren Sie daraufhin die Toolbox (*Extras/ Optionen/ Bohrungsassistent/ Toolbox*). Deaktivieren Sie alle Normen und Anbieter, die für Sie ohnehin nicht in Betracht kommen.

Zugriff auf Eigen- und Fremdkonstruktionen.

U. Emmerich, *Spritzgießwerkzeuge mit SolidWorks effektiv konstruieren*, DOI 10.1007/978-3-658-05063-4_7, © Springer Fachmedien Wiesbaden 2014

Dies ist jedoch eine zweischneidige Sache. Auf der einen Seite sorgt es in der Bibliothek
für die notwendige Übersicht. Auf der anderen Seite werden häufig unabsichtlich Normen
deaktiviert, auf die z. B. der Bohrungsassistent zugreift. Der Grund dafür ist, dass die Software den Bohrungsassistenten und die Toolbox praktisch gleich behandelt.

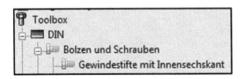

Aufbau in drei Ebenen:
der Werkzeugkasten

Wenn Sie eine eigene Bibliothek anlegen möchten, ist es notwendig, den Aufbau des
Werkzeugkastens (*Toolbox*) einmal genauer anzuschauen. Erweitern Sie dazu mit einem
Klick auf das (+) sowohl den Ordner der obersten Menüebene, als auch die zugehörigen
Unterordner.

Diese Struktur – also der Aufbau in drei Ebenen – wird auch für eine „Privatbibliothek"
angewendet. Einmal angenommen, Sie wollten den intelligenten Gewindestift aus dem
vorhergehenden Kapitel sowie die Auswerferstange in der Bibliothek ablegen, dann gehen
Sie folgendermaßen vor:

Öffnen sie die Unterbaugruppe **UBG-Auswerfen 3** aus dem Ordner **Kap. 6**. Legen Sie
in der Toolbox die entsprechenden Ordner an (*Dateiposition hinzufügen*).

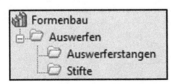

So könnte der Aufbau der
eigenen Bauteilbibliothek
aussehen.

Nun sind alle Vorarbeiten getätigt. Der Befehl *Zur Bibliothek hinzufügen* bringt Sie in das
abschließende Menü. Wählen Sie als Dateiname die Auswerferstange **Z02-10 × 100** und als
Ordner für Konstruktionsbibliothek den Eintrag **Auswerferstange**.

Nach dem gleichen Schema könnten Sie zum Beispiel bei dem Gewindestift **Z35**
vorgehen.

Ein erstes Bauteil ist angelegt
und per Screenshot dokumentiert
worden.

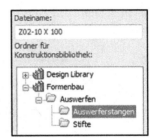

7.2 Bibliotheksfeatures

Nicht nur Bauteile, sondern auch aufwendigere Konstruktionsschritte verdienen die Aufnahme in die Bibliothek. Die Komplexität dieser Bibliotheksfeatures kann dabei beeindruckende Ausmaße annehmen – und genau das lässt manchen Konstrukteur vor der Verwendung zurückschrecken. Daher soll hier der Weg des „learning by doing" an Hand eines simplen Beispiels beschritten werden.

Beginnen Sie mit einem neuen Bauteil (*.sldprt). Legen Sie als erstes das sog. *Basisfeature* an. Es wird später nicht Teil der Bibliothek sein. Die Referenzen und Bemaßungen beziehen sich jedoch darauf.

Der Einfachheit halber konstruieren Sie einen Würfel von **30 mm** Kantenlänge. Bringen Sie in das *Basisfeature* eine Bohrung mit dem *Bohrungsassistenten* ein, verwenden Sie dazu z. B. den im vorherigen Kapitel angelegten Favoriten.

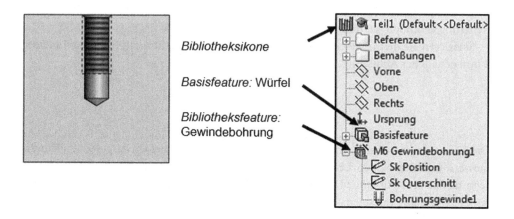

Hier trennen Sie die Wege für die weitere Vorgehensweise. Sie könnten nun jede Menge Referenzen und Bemaßungen erzeugen, die später bei der Verwendung des Bibliotheks-Features konfigurierbar sind. Wir machen es uns jedoch einfach: Achten Sie also darauf, dass die einzige Referenz die Startfläche der Bohrung ist – ansonsten soll keine Bemaßung zur Basis existieren.

Gehen Sie nun analog zum vorherigen Kapitel vor. Wählen Sie im Bibliotheks-Manager den Befehl *Zur Bibliothek hinzufügen*. Im sich öffnenden Menü tragen Sie unter *Hinzuzufügende Elemente* das Bohrungsfeature und bei *Speichern unter* den gewünschten Ordner für die Konstruktionsbibliothek ein.

Nach Abschluss des Befehls wird im unteren Bereich des Bibliotheksmanagers der Screenshot der Bohrung gezeigt. Im Feature-Manager finden Sie vor dem Bibliotheks-Feature die nebenstehende Ikone, und unter *Referenzen* ist die Bohrungs-Startfläche des Würfels eingetragen.

Die Verwendung des Bibliotheks-Features geschieht einfach dadurch, dass die Ikone aus dem Bibliotheks-Manager auf eine Fläche des entsprechenden Bauteils gezogen wird. Dieser Schnellstart soll erst einmal ausreichen, vermutlich werden Sie sich, nach und nach, zu wesentlich komplexeren Bibliotheks-Features vorarbeiten.

7.3   Varianten und Tabellen

Im Laufe des Arbeitslebens füllt sich der Datenspeicher mit einer Vielzahl von Bauteilen kleinster Unterschiede und größter Redundanzen. An einem trivialen Beispiel festgemacht: Auswerferstifte aller Durchmesser und Längen tummeln sich – wenn nicht energisch gegengesteuert wird – als individuelle Bauteile in den Werkzeugkonstruktionen.

Um diesem Wildwuchs Herr zu werden, wurde zwar das PDM (Product Data Management) entwickelt, aber so weit braucht man gar nicht zu gehen, auch SolidWorks bietet hier kräftige Unterstützung. Im Kap. 5.3 ist die Möglichkeit der Verwendung von Konfigurationen beschrieben. Dies soll hier weiter getrieben und mit der Microsoft-Excel-Tabellensteuerung verknüpft werden.

Skizzieren Sie den Querschnitt eines typischen Auswerferstiftes mit Nenndurchmesser **2 mm** gemäß der Abbildung.

Die Konstruktion soll als *Rotations-Feature* erfolgen – mit den beiden dargestellten Durchmessern und den beiden Längen. Ist der Stift erst einmal erstellt, öffnen Sie die Querschnitts-Skizze wiederum zur Bearbeitung (Rechtsklick, *Skizze bearbeiten*) und verknüpfen die Werte mit Variablen.

Dies geschieht z. B. mit einem Rechtsklick auf den Zahlenwert und *Werte verknüpfen*. Geschickter Weise verwenden Sie die von den Normalien bekannten Bezeichnungen: **D1** für den Nenndurchmesser, **D2** für den Kopfdurchmesser, Länge **L** für die Gesamt und **K** für die Kopflänge. Vor den Werten befindet sich dann, wie in Abb. 7.1 dargestellt, eine Art Ehering.

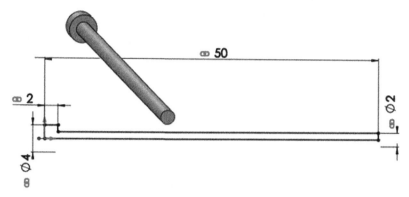

Abb. 7.1 Variablen-gesteuerter Auswerferstift

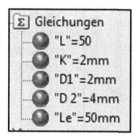

Im Featurebaum werden die Variablen im Ordner Gleichungen angelegt.

Hier folgt der zügigste Weg zur Anlage eine kleinen „Stiftesammlung".

Legen Sie in SolidWorks eine Excel-Tabelle zur Steuerung der Variablen an (*Einfügen/Tabellen/Tabelle*). Im sich öffnenden Menü gibt es eine ganze Reihe von Optionen. Allerdings ist die Vielzahl der Möglichkeiten eher verwirrend als hilfreich. Daher wählen Sie bei Ihren ersten Versuchen als Quelle, *Automatisch erstellen*. Es werden dann zwar mehr Variablen als notwendig angelegt, diese lassen sich jedoch leicht löschen. Die restlichen Voreinstellungen können erhalten bleiben, also *Modelländerungen erlauben* sowie die vier gesetzten Häkchen bei den *Optionen*.

Die Tabelle wird als OLE-Objekt (Object Linking and Embedding) erzeugt. Dies bedeutet z. B., dass Sie nun die Excel-Menüleiste zur Bearbeitung zur Verfügung haben.

Tatsächlich werden Sie, bei genauerer Betrachtung, mit diesem ersten, automatisch erstellten Entwurf nicht zufrieden sein. Bringen Sie Ordnung in die Tabelle. Löschen Sie die uninteressanten Spalten (hier: **D1@Rotation**). Ordnen Sie die Spalten sinnvoll neu (der Nenndurchmesser **D1** kommt nach vorn). Ändern Sie den Namen **Standard** in **Stift2 × 50** µm, Abb. 7.2.

Der Bauteilname steht in der ersten Zeile. Ab der dritten Zeile sind die Konfigurationen angelegt.

In der zweiten Zeile befinden sich die Variablen. Nicht alle davon finden später Verwendung.

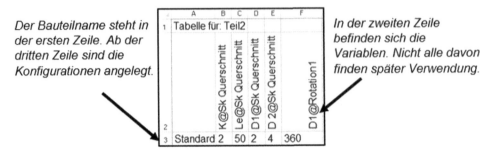

Abb. 7.2 „Roh"Tabelle

Abb. 7.3 Variantensteuerung durch Variable

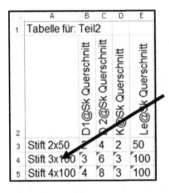

Die vollständig Tabelle: Die relevanten Variablen sind übriggeblieben. Die Konfigurationen sind angelegt.

Jede Zeile der Tabelle entspricht einer Konfiguration des Stifts in der Bauteildatei. Legen Sie noch zwei neue Stifte an, indem Sie in die Excel-Tabelle zwei neue Zeilen mit den abgebildeten Werten einbringen, Abb. 7.3.

Nach dem Beenden der Tabelle öffnen Sie den Konfigurationsmanager. Dort sind die Varianten angelegt.

Die X-Ikone dokumentiert die Steuerung der Konfigurationen durch eine Tabelle.

Sollten irgendwann einmal Änderungen vorgenommen werden, so kann dies entweder in der Tabelle erfolgen (Konfigurationsmanager: *Tabelle bearbeiten*) oder auf konventionellem Weg in der Skizze des *Rotations-Features*.

7.4 Online-Marktplätze

Um seine Arbeit kontinuierlich zu optimieren und um zu vermeiden, das Rad neu zu erfinden, wird der Werkzeugkonstrukteur ein Auge auf die Quellen im World-Wide-Web werfen. In erster Linie werden dies die Online-Kataloge der Normalien-Hersteller sein.

Es kann darüber hinaus nicht schaden, z. B. die SolidWorks-Nutzer-Gemeinde, die „Community" zu verfolgen. Der Zugang erfolgt entweder direkt aus dem Internet über solidworks.com oder direkt aus der CAD heraus. Setzen Sie dazu den Haken in SolidWorks bei *Ansicht/Task Fensterbereich*. Unter der Überschrift *SolidWorks Ressourcen/ Anwenderkreis* finden Sie das Solid-Works-Kundenportal.

Nach der obligatorischen Registrierung steht Ihnen der „3D Content-Central" zur Verfügung. In diesem Bereich werden Bibliotheks-Features, Makros, Teile und Baugruppen zum Download bereitgehalten.

SolidWorks bietet auch eine deutsche Benutzeroberfläche an, allerdings sind die Übersetzungen teilweise gewöhnungsbedürftig. So lautet die deutsche Entsprechung von „mold components" „Formteile" und von „red" „röt". Es empfiehl sich daher, gleich auf Englisch in den mold components zu suchen.

Es finden sich dort Normalien wie Auswerferstifte, Zentrierplatten und Kleinteile aller Art, aber auch gesamte Aufbauten, wie das im Folgenden abgebildete Werkzeug. Diese Darstellung soll nicht darüber hinwegtäuschen, dass Sie für eine ganz konkrete Konstruktionsaufgabe vermutlich keine passende Lösung finden. Anders gesagt: Die „Community" ist sicherlich kein Ersatz für die Online-Kataloge der Normalienhersteller oder einen Online-Marktplatz.

Ihre Stärke liegt vielmehr darin, dass der engagierte Konstrukteur ohne großen Aufwand verfolgen kann, was zum jeweiligen Zeitpunkt Stand der CAD-Technik ist. Darüber hinaus lässt sich für die eine oder andere Spezialaufgabe eine pfiffige Lösung finden.

7.5 Konstruktionsübung

Tabellen; Variablen; Verknüpfungen; Konstruktionsbibliothek

O-Ringe und Ringnuten sind für die Abdichtung von Kühlkanälen erforderlich. Legen Sie für verschiedene Nennmaße die zughörigen Ringnuten in Ihrer Konstruktionsbibliothek ab.

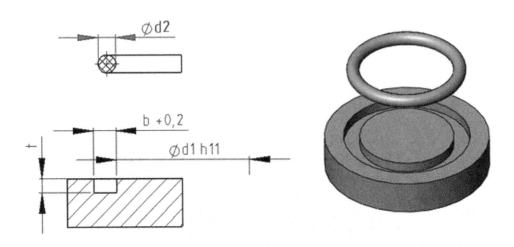

0-Ringe und Ringnuten	
d1	d2
20	2,65
40	3,55
60	5,30
t/d2 = 0,8	b/d2 = 1,3
Quelle: DIN 3771	

a. Konstruieren Sie einen Zylinder (d = 100, L = 30, *Basisfeature*) und speichern ihn als *LibFeatPart*.

b. Konstruieren Sie die Ringnut mit den benötigten *Variablen*.

c. Erstellen Sie *Verknüpfungen* für **t** und **b**.

d. Legen Sie eine Excel-Tabelle für die drei *Konfigurationen* an.

e. Legen Sie die Ringnut in der Konstruktionsbibliothek ab.

Dokumentation

8

8.1 Zeichnungserstellung

„Heruntergekommen sind sie noch alle", heißt es etwas hämisch von den Fliegern. Heruntergekommen aus den Höhen des dreidimensionalen Modellierens auf das platte DIN-Zeichnungsformat sind zumindest alle Konstrukteure, die eine Zeichnung erstellen.

Gerade im Werkzeugbau scheint die Zeichnung noch auf absehbare Zeit ihre Bedeutung behalten. Dabei hat sich jedoch die Aufgabe verschoben: Die Geometrie des Bauteils – in unserem Beispiel des Eiskratzers – wird durch das CAM-System aus der CAD-Geometrie mehr oder weniger automatisch abgeleitet. Somit gewinnt das „Drumherum", z. B. die Bezugspunkte für die spätere Bearbeitung oder die Bohrungsnullpunkte, an Bedeutung.

Falls Sie sich in einer der Zulieferketten zu den großen OEMs befinden, wird Ihnen bis aufs I-Tüpfelchen vorgegeben, wie Ihre Zeichnungen auszusehen haben. Sie werden also üblicherweise auf der Basis einer Dokumentenvorlage die Zeichnungen erstellen. Wir wollen ähnlich vorgehen und eine vorhandene Vorlage verwenden, indem wir sie an unsere Bedürfnisse anpassen.

8.1.1 Damit der Rahmen stimmt

Damit die Zeichnungs-Vorlage auch gefunden wird, stellen Sie in SolidWorks unter *Extra/Optionen/Systemoptionen/Dateipositionen* das Verzeichnis ein, in welches Sie die Vorlage **Kratzer.drwdot** aus dem Ordner **Kap. 8** kopiert haben.

Öffnen Sie dann die Dokumentvorlage mit *Datei/Öffnen/***Kratzer.drwdot**. Die grundsätzlichen Einstellungen sind in SolidWorks gut in den *Druckoptionen, System-* und *Doku-*

U. Emmerich, *Spritzgießwerkzeuge mit SolidWorks effektiv konstruieren,*
DOI 10.1007/978-3-658-05063-4_8, © Springer Fachmedien Wiesbaden 2014

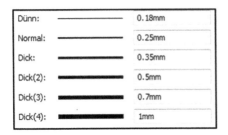

Abb. 8.1 Linienstärken

Die Namen haben keine Bedeutung: Die Werte sind frei wählbar und können beliebigen Linientypen zugeordnet werden.

menteigenschaften versteckt. Hier sind darum einige davon behandelt, die Sie in der täglichen Praxis evtl. einmal verändern müssen.

Bemaßungen und Einheiten finden Sie unter *Extras/Optionen/Dokumenteneigenschaften*. Setzen Sie die *Bemaßungsnorm* auf **DIN** und die *Einheiten* auf **MMGS**.

Die **Linienstärken** finden Sie entweder im gleichen Menü oder unter *Datei/Drucken/Linienstärke*. Die Auswahl von Liniengruppen gemäß DIN ISO 128-24 ist nicht vorgesehen. Sie kommen daher ggf. nicht umhin, die Literatur zum technischen Zeichnen hinzuzuziehen.

Es gibt noch einen weiteren Schwachpunkt: Bildschirm und Druckdarstellung stimmen nicht unbedingt überein. Sie können bei Bedarf zwar den überzähligen dicken Linien beliebige (dünne) Werte zuordnen, auf dem Bildschirm wird dies jedoch nicht dargestellt, erst im Druck passt es wieder, Abb. 8.1.

Damit sind die Linienstärken zwar angelegt, aber noch nicht aktiv. Die Verwendung wird wieder durch die *Optionen* gesteuert (*Extras/Optionen/Dokumenteneigenschaften/ Linien*). In diesem Menü werden die Kantenarten den Linienarten und der Linienstärke zugeordnet, also z. B. der *Sichtbaren Kante* die Einträge **Durchgehend** und **Normal**. Die sog. *Beschriftungsschriftart* finden Sie unter *Extras/Optionen/Dokumenteneigenschaften/ Beschriftungen/Text*. Tragen Sie hier z. B. die Normschrift **SWIsop1** ein.

Allerdings handelt es sich um *Dokumenteigenschaften*, d. h. die veränderten Einstellungen sind alles andere als allgemeinverbindlich.

Eine DIN- bzw. Kunden-gerechte Zeichnung erfordert eine Menge Vorarbeit an den Parametern.

Hier ist die Zuordnung der Sichtbaren Kante *zur Linienart* Durchgehend *und der Stärke* Normal *dargestellt.*

	Name	Datum	HS-Ansbach CSK
Bearbeiter	Emmerich		
geprüft			Name
Massstab			Zeichnungsnummer

Abb. 8.2 Der Zeichnungskopf der Vorlage – noch ohne Variablen

8.1.2 Anpassen der Dokumentvorlage

Öffnen Sie, falls nicht im letzten Kapitel schon geschehen, die Zeichnungsvorlage **Kratzer. drwdot** zur Bearbeitung. Zunächst einmal werden die zwei Modi *Blatt* und *Blattformat* unterschieden. Sie können mit einem Rechtsklick im Grafikbereich und dem entsprechenden Befehl aus dem Kontextmenü jeweils umschalten.

Machen Sie sich mit dem Blattformat vertraut, indem Sie den Zeichnungskopf anpassen, also z. B. die Linie verlängern und Ihren Namen in das Namensfeld eintragen, Abb. 8.2. Natürlich ist der Schriftkopf ebenfalls mit SolidWorks erzeugt, und so kommen hier die üblichen Befehle aus dem Skizzen-Werkzeugkasten zum Einsatz.

Die Anpassung der Blattformate geschieht in den Eigenschaften. Der Zeichnungskopf verändert sich dabei nicht.

Verändern Sie dann im Featurebaum die *Eigenschaften* von **Blatt 1** wie dargestellt. Legen Sie als *Blattformat* **Benutzerdefinierte Größe 420 × 297 mm** fest und benennen Sie es im Featurebaum entsprechend um.

Unter den Eigenschaften des Zeichnungsblatts befindet sich der Projektionstyp. Um die Ansichten in DIN-Manier zu klappen, stellen Sie **Dritter Winkel** ein. Beim Quittieren werden Sie gefragt, ob die „modifizierten Bezugshinweise" gelöscht werden sollen. Klicken Sie auf **nein**.

	Name	Datum	HS-Ansbach CSK
Bearbeiter	$PRPSHEET:(SW-Autor(Author))		
geprüft			$PRPSHEET:(SW-Titel
Massstab		Zeichnungsnummer	

Abb. 8.3 Der Zeichnungskopf der Vorlage – mit Variablen verknüpft

Mit einer solchermaßen auf die Bedürfnisse angepassten Vorlage mag man sich zufrieden geben. Aber auch hier existiert Automatisierungspotential. Es besteht die Möglichkeit, in die Zeichnungs-Formatvorlage Variablen einzubringen, die dann wiederum aus den Dateieigenschaften des Bauteils gespeist werden.

Einmal angenommen, es sollen für den *Bearbeiter* sowie für den *Zeichnungsnamen* Variablen angelegt werden. Dann schalten Sie zum *Blattformat* um. Aktivieren Sie den zu automatisierenden Eintrag. Gehen Sie daraufhin in den Eigenschaftenmanager. Im Menü *Textformat* befindet sich eine Ikone mit den Namen *Verknüpfung zu Eigenschaft*.

Sie öffnet ein weiteres Untermenü. Wählen Sie dort dasjenige *Modell in Ansicht*, welches in *Blatteigenschaften* definiert ist und unter *Dateieigenschaften* **SWAutor (Author)**.

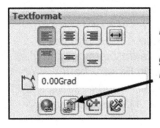

Die Verknüpfung von Textfeldern mit Variablen geschieht recht verborgen im Eigenschaften-Manager.

Nachdem Sie auch den zweiten Zeichnungseintrag mit der Variablen **SW-Titel** verknüpft haben, stellt sich der Zeichnungskopf wie in Abb. 8.3 dar:

Damit die Variablen zur Wirkung kommen, müssen Sie durch die Bauteildatei gefüllt werden. Dies erreichen Sie so, Abb. 8.4:

Öffnen Sie beliebiges bereits existierendes Bauteil. Tragen Sie unter *Datei/Eigenschaften/Dateiinformationen/Info* einen **Autor** und einen **Titel** ein.

Wird nun aus dem Bauteil eine Zeichnung erstellt (*Datei/Zeichnung aus Teil erstellen*) und dabei die gerade erstellte Dokumentvorlage verwendet, werden im Schriftfeld die Eintragungen automatisch vorgenommen.

Mit diesem Handwerkszeug gerüstet, sind Sie in der Lage, die üblichen Anforderungen an Zeichnungsrahmen zu bearbeiten. Allerdings besteht kein Zweifel, dass in einer DIN-gerechten Vorlage viel Zeit und Mühe steckt.

Abb. 8.4 Dateiinformationen
– verborgene Fähigkeiten

Info	Benutzerdefiniert	Konfigurationsspezifisch
Autor:	Emmerich	
Schlüsselwörter:		
Titel:	Block	

8.1.3   Einzelteilzeichnung

Im Rahmen dieses Buches wird – stellvertretend für den ganzen, in der Realität erforderlichen Zeichnungssatz – die Einzelteilzeichnung zur Formplatte der beweglichen Seite erstellt. Öffnen Sie dazu eine neue Zeichnung mit *Datei/neu/Zeichnung*, und wählen Sie die
überarbeitete Vorlage **Kratzer.drwdot**.

Der Bildschirm entspricht in etwa dem der Bearbeitung der Zeichnungs-Vorlage. Dies
liegt daran, dass SolidWorks zwischen dem *Blatt* und dem *Blattformat* unterscheidet. Sie
können im Bildbereich mit einem Rechtsklick das Kontextmenü öffnen und zwischen den
beiden umschalten. Im Featurebaum werden sie durch zwei unabhängige Einträge dargestellt. (Bislang befindet sich dort allerdings nur das Blattformat **Blatt 1**).

Fügen Sie nun eine Modellansicht der Formplatte mit dem Befehl *Einfügen/Zeichenansicht/
Modell* hinzu (die Datei befindet sich im Ordner **Kap. 6**, **K20-246 × 296 × 76-1-2311-4**).
Das Menü des Befehls ist zweistufig. In der ersten Stufe werden Sie nach dem *Dokument*
gefragt. Falls Sie die Datei nicht geöffnet haben, wählen Sie sie mit *Durchsuchen*.

 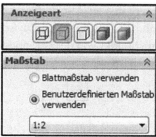

Im Menü Modellansicht
*werden die Ausrichtung,
Anzeigeart und der
Maßstab festgelegt.*

Daraufhin öffnet sich die zweite Stufe des Menüs. Wählen Sie hier die **Ausrichtung rechts**,
Verdeckte Kanten sichtbar und den **Maßstab 1:2**. Die übrigen Einstellungen bleiben, wie
gehabt. Positionieren Sie dann die Ansicht mit der Maus im Bildbereich. Das Ergebnis
wird in etwa der Abb. 8.5 entsprechen.

Abb. 8.5 Rohansicht mit
Schnittlinie für den winkligen
Schnitt

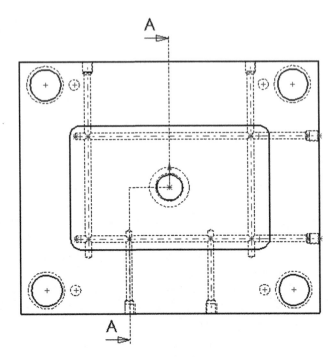

Bevor es ans Detaillieren geht, wird noch eine Schnittansicht eingefügt. Aus ihr sollen die Geometrie der Kühlbohrungen sowie die Tiefe der Tasche hervorgehen. Skizzieren Sie eine gewinkelte Linie, wie dargestellt, die unter der linken unteren Kühlbohrung beginnt und über der Mitte des Bauteils endet.

Klicken Sie die gerade gezeichnet Linie an. Mit *Einfügen/Zeichenansicht/Schnitt* kommen Sie in das entsprechende Menü. Wählen Sie *perspektivisch verkürzte Schnittansicht* und positionieren Sie die Schnittansicht links von der vorhandenen Ansicht.

Im nächsten Schritt bringen Sie alle Mittellinien, Mittelkreuze und Schraffuren auf, die eine Skizze erst zur technischen Zeichnung machen. Sie finden die notwendigen Werkzeuge in der Symbolleiste *Beschriftung*.

Als einziges fehlt dort das Zeichen für den Werkstücknullpunkt. Erzeugen Sie es, indem Sie einen kleinen Kreis (**R5**) auf die Referenztriade setzen und mit *Einfügen/Beschriftung/ Fixpunktsymbol* ausfüllen.

Im Featurebaum wird jede Ansicht als einzelner Eintrag samt den erzeugenden Bauteilen und Skizzen angelegt.

8.1.4 Layers und Ordinatenbemaßung

In diesem Unterkapitel werden *Layers* (Schichten) und die Ordinatenbemaßung eingesetzt – beides Techniken, die Ihnen die Zeichnungserstellung ein wenig erleichtern.

Eine typische technische Zeichnung quillt geradezu über vor Detaillierung. Um als Konstrukteur nicht selber den Überblick zu verlieren, existiert die Layer-Technik, mit der ganze Gruppen von Beschriftungen ein- bzw. ausgeblendet werden können.

In unserem Beispiel werden die Durchmesser und Passungen in jeweils eigene Layer verschoben. Ordnen Sie zur Vorbereitung der Frästaschenlänge und -breite jeweils die Toleranz **D8** zu. Aktivieren Sie dafür die Maße durch Anklicken im Grafikbereich. Daraufhin öffnet sich der Eigenschaften-Manager mit dem Bemaßungs-Menü. Tragen Sie unter *Toleranz/Genauigkeit*, **Passung**, **Spielpassung** und **D8** ein.

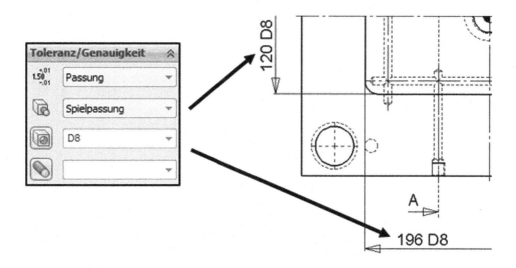

Schalten Sie nun die Layer-Symbolleiste ein (*Ansicht/Symbolleisten/Layer*).

Bislang ist dort u. a. der Layer **Format** angelegt, der Ihnen vielleicht schon einmal als Listeneintrag im Bemaßungsmenü aufgefallen ist. Um dies zu ändern, legen Sie noch einen Layer **Toleranzen** und einen Layer **Durchmesser** an.

Name	Beschreibung	Ein/Aus	Farbe	Stil	Stärke
FORMAT		💡	◼	———	———
Durchmesser		💡	◼	———	———
⇨ Toleranzen		💡	◼	———	———

In dieser Maske könnten Sie z. B. den einzelnen Layern Linienstärken oder Farben zuordnen. In unserem Beispiel wird die Übersicht jedoch durch das Aus- und Einblenden von Layern erzeugt.

Dazu dient die kleine, glühlampenförmige Ikone unter der Listenüberschrift *Ein/Aus*. Ein Klick auf die Format-Glühbirne lässt beispielsweise die gesamte Detaillierung der Zeichnung verschwinden.

Ordnen Sie nun den Durchmesser und das Gewinde vom **Schnitt A-A** dem Layer **Durchmesser** zu. Aktivieren Sie dazu, mit gedrückt gehaltener Strg-Taste, die beiden Einträge. Wählen Sie dann im Eigenschaften-Manager unter *Layer* den Eintrag **Durchmesser**. Verfahren Sie bei der Zuordnung der Toleranzen zum gleichnamigen Layer analog.

Zurück im Layer-Menü lassen sich nun mit den „Glühlampen" die Detaillierungen beliebig ein und ausschalten.

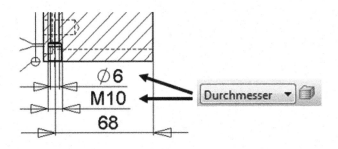

Ein weiteres Feature, welches in der Werkzeugkonstruktion Verwendung findet, ist die *Ordinatenbemaßung*. Zwar haben Sie bei der Erstellung der Skizzen so häufig mit Bemaßungen gearbeitet, dass dieses Kapitel vielleicht überflüssig erscheint. Nur treten bei einer Werkzeugzeichnung jedoch außerordentlich viele Maße in Reihe auf. Die übliche Art der Bemaßung wäre dort unübersichtlich und zeitaufwendig.

Hier hilft die Ordinatenbemaßung weiter. Schalten Sie mit *Extras/Bemaßungen/Ordinate* auf die Ordinatenbemaßung um. Daraufhin ändert sich der Mauszeiger.

Der Befehl erwartet nun die Startposition, die Nulllinie. Die ist in unserem Fall die Mittellinie des Bauteils. Wenn Sie diese angeklickt haben, ändert sich die Form des Cursors erneut. Der kleine Kreis bezeichnet die Position, von der die Maßlinien ausgehen sollen. Fixieren Sie sie ein wenig außerhalb des Bauteils.

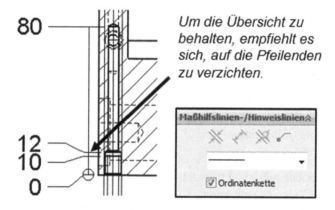

Von nun an geht es ganz zügig. Mit den folgenden Klicks wählen Sie jeweils die anzutragende Bemaßung. Im Property-Manager werden Sie jeweils nach der Form der Maßlinie gefragt. In der folgenden Grafik ist ein Beispiel gegeben, wie eine fertige Ordinatenbemaßung aussehen könnte, Abb. 8.6.

8.2 Explosionsdarstellung

Es fällt nicht immer leicht, die Übersicht über alle Komponenten des Spritzgießwerkzeuges zu behalten. Gilt dies schon für den Konstrukteur, so gilt es noch viel mehr für alle, die in der Prozesskette auf ihn folgen.

SolidWorks unterstützt Sie hier in mehrfacher Hinsicht. Zuerst einmal lässt sich auf recht einfache Art eine Explosionsdarstellung ableiten. Auf dieser Basis kann eine ansprechende Zeichnung (oder auch nur eine einzelne Zeichenansicht) erstellt werden. Und falls

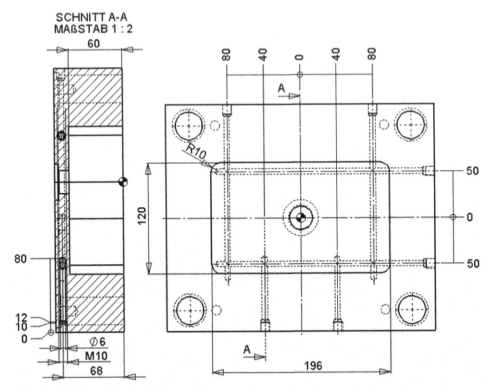

Abb. 8.6 Ansicht mit Ordinatenbemaßung

dann weitere Überzeugungsarbeit geleistet werden muss, besteht die Möglichkeit, den Bewegungsablauf als Video zu animieren.

In diesem Kapitel werden Sie die Explosionsdarstellung dafür verwenden, das Werkzeug geöffnet darzustellen – etwa so, wie es sich in der Realität im Augenblick des Auswerfens zeigt. Öffnen Sie die Hauptgruppe **HBG-Kratzer 9** aus dem Ordner **Kap. 6**.

Zwar ist es nicht unbedingt erforderlich, dem noch nicht geübten Konstrukteur jedoch dringend zu empfehlen, für die Explosionsdarstellung eine eigene Konfiguration anzulegen, Abb. 8.7.

Wechseln Sie dazu in den Konfigurationsmanager und wählen Sie nach einem Rechtsklick *Konfiguration hinzufügen*. Als Name bietet sich **Explosion** an. Weitere Einträge sind nicht vorzunehmen. Die neue Konfiguration ist umgehend aktiv.

Bislang befinden sich in der Baugruppe zwar alle Bauteile des Werkzeugs, jedoch nicht das Formteil, also der Eiskratzer selbst. Holen Sie dies nach mit *Einfügen/Komponente/ Bestehendes Teil*. Klicken Sie auf *Durchsuchen* und wählen Sie **Kratzer 9.sldprt** aus dem Ordner **Kap. 3**.

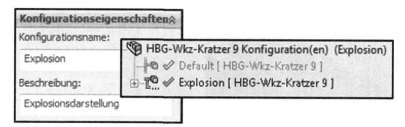

Abb. 8.7 Die Explosionsdarstellung erhält eine eigene Konfiguration

Abb. 8.8 Werkzeug mit
Formteil

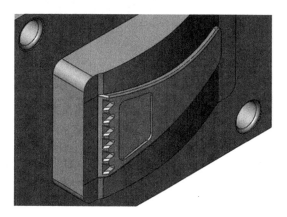

Im nächsten Schritt wird das Formteil auf bekannte Weise positioniert. Um einen besseren Überblick zu gewinnen, blenden Sie die Unterbaugruppe der festen Seite besser aus (Rechtsklick im Featurebaum, *Ausblenden*) und legen die erforderlichen Verknüpfungen an. (Weitere Informationen zum Positionieren finden Sie im Kap. 2), Abb. 8.8.

Da das Formteil ausschließlich in der Konfiguration **Explosion** auftreten soll, gehen Sie mit einem Rechtsklick auf den Eintrag im Featurebaum und wählen *Komponente konfigurieren*. Wählen Sie die *Standard-Konfiguration* aus und unterdrücken die Komponente **Kratzer**.

Damit sind die Vorarbeiten abgeschlossen und die eigentliche „Sprengarbeit" kann beginnen. Der Befehl *Einfügen/Explosionsansicht* öffnet ein umfangreiches Dialogfeld. Das Ziel ist es, Explosionsstufen zu erzeugen, die den Bewegungen des Werkzeuges entsprechen.

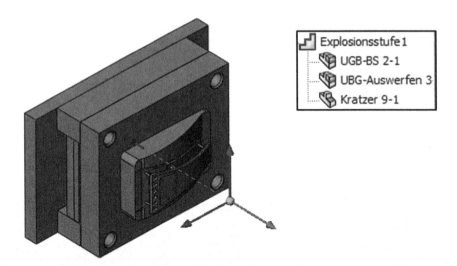

Abb. 8.9 Ein erster Versuch

Zunächst einmal ist das Dialogfeld *Einstellungen* aktiv. Es fragt nach den Komponenten, die sich bewegen sollen. Dies sind – in wechselnder Kombination – die Unterbaugruppe der beweglichen Seite, die Auswerfereinheit sowie der Kratzer. Die Auswahl kann entweder dadurch geschehen, dass die Baugruppen im Bildbereich angeklickt oder dass die Einträge aus dem Featurebaum ausgewählt werden.

Die jeweils zuletzt angeklickte Komponente erhält eine Triade mit einem Verschiebeziehpunkt. Diese Triade können Sie mit der Maus frei positionieren, beispielsweise auf eine schräge Kante verschieben. Da bei unserem Werkzeug die Bewegungen linear in Richtung der Koordinatenachsen erfolgen, ist dies jedoch nicht notwendig, Abb. 8.9.

Zum Verschieben der Komponenten gibt es zwei Möglichkeiten. Entweder geschieht es dadurch, dass ein Arm der Triade angeklickt und im Grafikbereich gezogen wird oder der gewünschten Arm der Triade wird aktiviert und die Verschiebung über das Menü gesteuert.

Beginnen Sie z. B. damit, dass Sie unter *Einstellungen* den Kratzer wählen, ihn an der x-Achse anklicken und aus dem Werkzeug ziehen. Jedes Mal, wenn Sie einen Befehl abschließen, wird im Dialogfeld *Explosionsstufen* ein Eintrag angelegt.

Machen Sie sich mit den Möglichkeiten des Verschiebens vertraut, verdorben werden kann nichts. Sie brauchen im Zweifelsfall nur die angelegte Explosionsstufe wieder zu löschen. Da die Explosion später für die Erstellung einer Animation verwendet werden soll, bietet es sich jedoch an, die folgenden Stufen anzulegen:

- *Werkzeug öffnet*: **UBG-Auswerfen**, **UBG-BS** und **Kratzer** bewegen sich um **160 mm** Öffnungsweg in die negative x-Richtung.
- *Auswerferpaket arbeitet*: **UBS-Auswerfen** und **Kratzer** bewegen sich um **20 mm** in die positive x-Richtung.

Abb. 8.10 Das geöffnete
Werkzeug

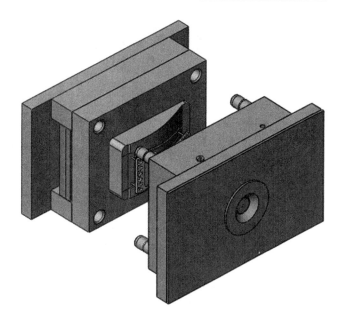

- *Werkstück fällt*: Der Kratzer bewegt sich um **200 mm** nach unten.
- *Auswerferpaket fährt zurück*: **UBG-Auswerfen** bewegt sich **20 mm** zurück.

Nach der zweiten Explosionsstufe wird sich das Werkzeug wie in Abb. 8.10 darstellen.

8.2.1 Explosionslinie

Die Explosionslinie kennzeichnet den Pfad der Explosionsansicht. In SolidWorks wird sie
als *3D-Linie* angelegt. Sie soll dazu verwendet werden, den Weg des Kratzers bei der Aus-
werferbewegung und beim „Herunterfallen" zu kennzeichnen, Abb. 8.11.

Öffnen Sie das Menü mit *Einfügen/Explosionslinienskizze*. Klicken Sie einen Punkt auf dem
Werkzeugeinsatz an sowie den Kontaktpunkt auf dem Bauteil. Im Bildbereich sehen Sie
eine Vorschau, die noch manipuliert werden kann. Zum Beispiel können Sie die Linien in
eine aussagekräftigere Position verschieben.

Dies geschieht, indem die Maus über die fragliche Explosionslinie bewegt wird. Der
Mauszeiger ändert sich; die Linie kann in Richtung der kleinen Pfeile bewegt werden. Mit
Abschluss des Befehls wird eine geknickte Linie zwischen dem Werkstück und dem Form-
teil erzeugt.

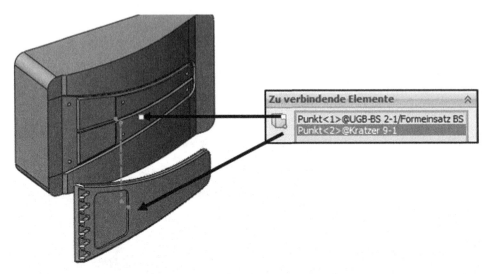

Abb. 8.11 Weg des Formteils

8.3   Animierter Spritzgießzyklus

SolidWorks bietet eine Reihe von Möglichkeiten, Bewegungen zu animieren. Die hier verwendete scheint mir eher ein Zufallsprodukt zu sein, welches daraus entstanden ist, dass die einmal angelegten Explosionsstufen auch wieder reversibel sein müssen. Ihr Charme liegt vor allem darin, dass mit zwei drei Klicks der gesamte Zyklus animiert ist.

Öffnen Sie das Menü *Explosionsansicht* im Konfigurationsmanager, führen Sie einen Rechtsklick auf eine beliebige Explosionsstufe aus und wählen den Befehl *Feature bearbeiten*. Fügen Sie nun eine Explosionsstufe hinzu, die das Schließen des Werkzeugs nach dem Fall des Bauteils darstellt.

- *Werkzeug schließt*: **UBG-Auswerfen** und **UBG-BS** bewegen sich um **160 mm** zurück.

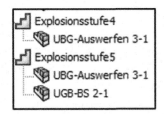

Die Bewegung des Werkzeugs erfolgt in fünf Schritten.

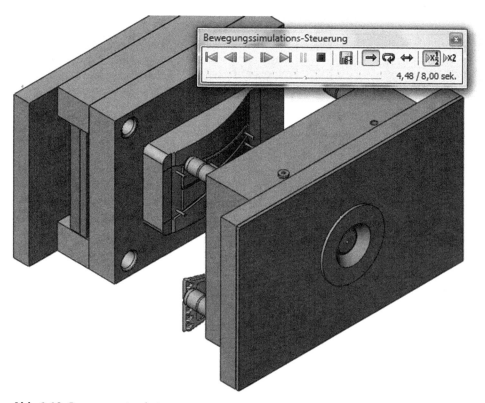

Abb. 8.12 Bewegungssimulation

Mit Hilfe dieser fünf Stufen lässt sich eine Simulation der Werkzeugbewegung erstellen. Dazu führen Sie im Konfigurationsmanager einen Rechtsklick auf den Eintrag *Explosionsansicht* aus und wählen *Explosionsansicht der Bewegungssimulation aufheben*.

Es öffnet sich die Bewegungssimulationsleiste, mit der Sie, ähnlich wie mit einem Videorekorder, die Simulation steuern können. Das Ganze wirkt recht realitätsnah – Sie fühlen sich praktisch an eine Spritzgießmaschine versetzt, Abb. 8.12.

8.4   Explosionszeichnung

Es mag sein, dass Sie die im letzten Kapitel beschriebene Bewegungssimulation als nettes Spielzeug empfinden, einen Kundennutzen aber eher infrage stellen. Die Sinnhaftigkeit einer Explosionszeichnung dagegen steht außer Zweifel.

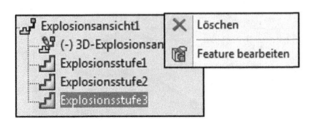

*Die Zeichnung soll auf Basis
der zweiten Explosionsstufe
entstehen – die restlichen
Stufen werden gelöscht.*

Stellen Sie zur Vorbereitung die Baugruppe in der Weise dar, wie sie sich später in der
Explosionszeichnung zeigen soll. Gehen Sie hierfür in den Konfigurationsmanager und
löschen die überflüssigen Explosionsstufen durch einen Rechtsklick auf den Eintrag und
den Befehl *Löschen*.

Erstellen Sie mit *Datei/Zeichnung aus Baugruppe erstellen* eine neue Zeichnung. Hier können Sie z. B. die neuerstellte Dokumentenvorlage **Kratzer** zur Anwendung bringen.

Nachdem Sie den Blattmodus eingestellt haben (Rechtsklick, *Blatt bearbeiten*), bringt Sie
Einfügen/Zeichenansicht/Modell in das entsprechende Menü. Im ersten Dialog bestimmen
Sie **HBG-Kratzer** als *Einzufügendes Teil/Baugruppe*. Wählen Sie als *Ansicht* **Isometrisch**
und den *Maßstab* **1:2**. Mit dem Mauszeiger platzieren Sie die Ansicht auf der Zeichnung.

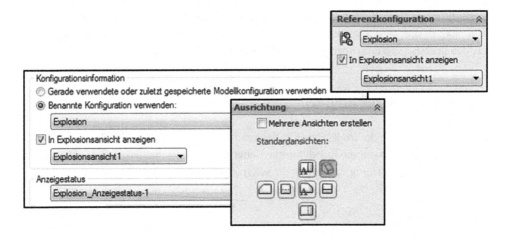

Abb. 8.13 Explosionszeichnung

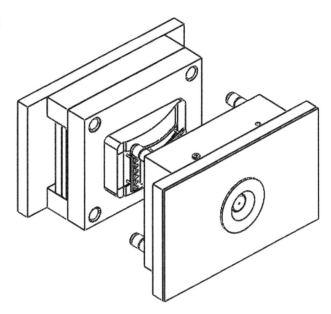

In der gleichen Maske finden Sie das Untermenü *Referenzkonfiguration*. Stellen Sie sicher, dass der Haken bei In *Explosionsansicht anzeigen* gesetzt ist. Nach Abschluss des Befehls wird die Explosionszeichnung erzeugt, Abb. 8.13.

Wie Sie sehen, gibt Ihnen SolidWorks einige Werkzeuge an die Hand, die über das eigentliche Modellieren und Zeichnungserstellen hinausgehen. Auch wenn sie in der täglichen Arbeit nicht zur Anwendung kommen – sie können so etwas wie das Sahnehäubchen des Marketings in eigener Sache sein.

8.5 Konstruktionsübung

Zeichnungs-Vorlage; Variable; Schnittansicht; Ordinatenbemaßung

Erstellen Sie eine Einzelteilzeichnung für die Bohrbearbeitung der **Auswerferplatte** aus dem Ordner **Konstruktionsübung.** Verwenden Sie dafür die folgenden Elemente:

- Selbsterstellte Zeichnungs-Vorlage
- *Variablen* im Zeichnungskopf für **Autor**, **Titel** und **Beschreibung**
- *Schnittansicht* für den Bohrungsquerschnitt
- *Ordinatenbemaßung* für die Bohrpunkte

Ableiten von Elektroden – Arbeiten mit Flächen

9

Verschiedene Bereiche der Formeinsätze können ausschließlich mit Hilfe der Funkenerosion bearbeitet werden. Eine Elektrode ist dabei gewissermaßen das in Metall gefertigte Gegenstück eines Hohlraums. So etwas lässt sich, wie in Kap. 3 beschrieben, mit Mehrkörperbauteilen in Angriff nehmen. Allerdings ist eine Elektrode eben doch nicht das genaue Abbild des Hohlraums. Z. B. sind Funkenspalt und Freistellungen zusätzlich zu berücksichtigen. Für diese Aufgaben bietet SolidWorks einige interessante Lösungen an.

Sie werden die Möglichkeiten der Elektrodenkonstruktion am Beispiel einer Elektrode zur Fertigung der Aussparung der Einspritzdüse im **Formeinsatz FS** kennen lernen. Öffnen Sie im Ordner **Kap. 9** die Datei **Formeinsatz FS 9**. In einem ersten Schritt erzeugen Sie durch Volumenoperationen eine „Rohelektrode".

Skizzieren Sie dazu, auf der Rückseite des Formeinsatzes mit dem Befehl *Offset 5 mm* den Elektrodendurchmesser.

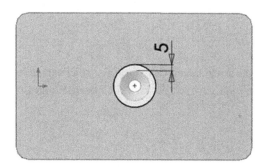

Die Elektrode wird aus dem Formeinsatz FS *generiert.*

U. Emmerich, *Spritzgießwerkzeuge mit SolidWorks effektiv konstruieren,*
DOI 10.1007/978-3-658-05063-4_9, © Springer Fachmedien Wiesbaden 2014

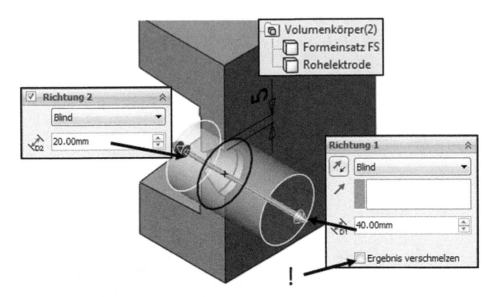

Abb. 9.1 Mehrkörperteil als Basis der Elektrode

Tragen Sie aus der Skizze einen *Linearen Aufsatz* mit den in der Grafik dargestellten Werten aus.

Das Entscheidende dabei ist, dass Sie die Features nicht verschmelzen. Auf diese Weise erzeugen Sie ein *Mehrkörperteil*. Letztlich handelt es sich um einen Zylinder, der den Formeinsatz durchdringt, Abb. 9.1.

Da der Formeinsatz von der Rohelektrode zwar subtrahiert wird, aber nicht verschwinden soll, muss eine Kopie desselben mit *Einfügen/Features/Verschieben/Kopieren* erstellt werden.

Gehen Sie dabei so vor, dass die Kopie am gleichen Ort, ohne *Verschiebung* oder *Drehung*, erzeugt wird. SolidWorks fragt dann zwar nach, ob dies wirklich beabsichtigt ist – quittieren Sie jedoch mit *ja*.

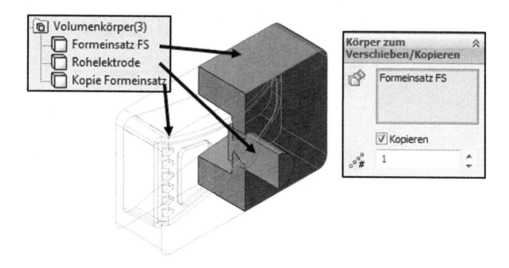

Subtrahieren Sie nun die **Kopie Formeinsatz** von der Rohelektrode (*Einfügen/Features/ Kombinieren*).

Für die weitere Bearbeitung blenden Sie den **Formeinsatz FS** aus (Rechtsklick im Fea- turebaum, *Ausblenden*). Ansonsten besteht die Gefahr, unbeabsichtigt an dessen Flächen weiterzukonstruieren, Abb. 9.2.

Das Ergebnis lässt die Konstruktionsabsicht schon erkennen, hat jedoch einige Schön- heitsfehler. Offensichtlich gibt es einige überflüssige Flächen, die gelöscht und andere, die verlängert und getrimmt werden müssen.

Im Oberflächen-Werkzeugkasten befinden sich die notwendigen Werkzeuge. Falls noch nicht geschehen, sollte er nun fest installiert werden (*Ansicht, Symbolleisten, Oberfläche*).

Beginnen Sie damit, dass Sie die drei überflüssigen Flächen löschen. Sie könnten das entstandene Loch im gleichen Arbeitsschritt füllen lassen. Dies würde jedoch nicht der Konstruktionsabsicht entsprechen, den dünnen Zylinder an der Spitze der Elektrode aus- reichend zu verlängern. Führen Sie den Befehl daher am besten so aus, wie in Abb. 9.3 dargestellt ist.

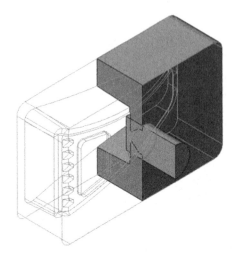

Wählen Sie im Dialogfeld Art
des Vorgangs *Entfernen, als*
Hauptkörper *die Rohelektrode*
und als Zu entfernender Körper
die Kopie des Formeinsatzes.

Abb. 9.2 Die „Rohelektrode"

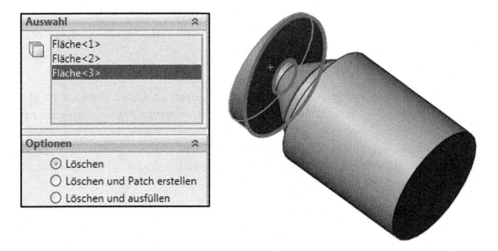

Abb. 9.3 Überflüssige Flächen

Mit Abschluss des Befehls ist an der Elektrodenspitze ein ovales Loch entstanden und das Bauteil als *Oberflächenkörper* im Featurebaum angelegt worden.

Abb. 9.4 Offset-Oberfläche

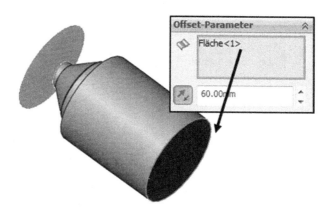

Erzeugen Sie eine *Offsetoberfläche* zur Elektroden-Rückseite mit *Offset-Abstand* **60 mm**. (Die Elektrode soll später die Bohrung aus technologischen Gründen deutlich durchdringen), Abb. 9.4.

Der kleine Zylinder (siehe Pfeil) wird nun mit *Einfügen/Oberfläche/Verlängern* bis zur Offsetoberfläche verlängert.

In nächsten Schritt trimmen Sie den kleinen Zylinder mit der Offset-Oberfläche (*Einfügen/Oberfläche/Trimmen*). Auf diese Weise entsteht eine geschlossene Oberfläche – jedoch noch kein Volumenkörper.

Um dies zu erreichen, ist der Befehl *Oberflächen zusammenfügen* notwendig. Sie finden ihn ebenfalls im Oberflächen-Werkzeugkasten.

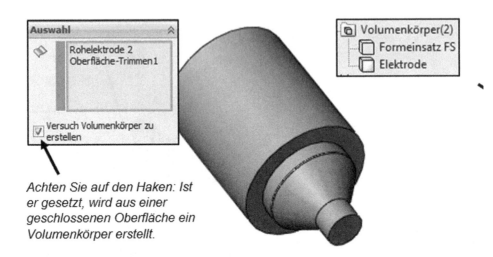

Achten Sie auf den Haken: Ist
er gesetzt, wird aus einer
geschlossenen Oberfläche ein
Volumenkörper erstellt.

Färben Sie das Teil zur besseren Darstellung ein, blenden Sie auch den Formeinsatz wieder ein, und betrachten Sie das Ergebnis im Schnitt. Zwar passt die Elektrode in die Aussparung, für die Funkenerosion ist sie jedoch noch nicht geeignet. Aus technologischen Gründen müssen ein Funkenspalt vorgesehen sowie die Flächen freigestellt werden, an denen später kein Funkenüberschlag auftreten darf.

Beginnen Sie mit der planaren Ringfläche, die den großen Zylinder abschließt. Hier soll im Betrieb kein Funkenüberschlag auftreten, Abb. 9.5. Dazu ist die Fläche entsprechend zurückzusetzen. Dies ist zwar auch mit einem linear ausgetragenen Schnitt möglich, für die Erstellung der Elektrode bietet es sich jedoch an, bevorzugt die Flächenwerkzeuge zu verwenden.

Allerdings suchen Sie den Befehl *Fläche verschieben* im Oberflächen-Werkzeugkasten vergeblich. Er findet sich unter *Einfügen/Fläche/Verschieben*. Starten Sie den Befehl *Fläche verschieben*, wählen Sie die Option *Offset* und den Abstand **5 mm**, und schließen Sie den Befehl ab. Das Besondere an diesem Befehl ist, dass nicht nur die Fläche verschoben wird, sondern auch die angrenzenden Bereiche angepasst und getrimmt werden.

Im Befehl *Fläche verschieben* ist nur ein einziger Offset vorgesehen. Dies bedeutet, dass der Befehl für den Funkenspalt ein zweites Mal durchlaufen werden muss, Abb. 9.6.

▶   **Tipp** Der Befehl *Fläche verschieben* ist auch in der Oberflächen-Symbolleiste
ganz nützlich. Bei Bedarf kann die Leiste entsprechend angepasst werden: Wählen Sie *Ansicht/Symbolleiste/Anpassen*. Unter *Befehle/Gusswerkzeuge* klicken Sie
Fläche verschieben an und ziehen den Befehl in die Oberflächen-Symbolleiste.

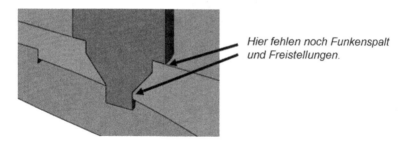

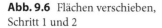

Abb. 9.5 Formeinsatz mit unbearbeiteter Elektrode

Abb. 9.6 Flächen verschieben,
Schritt 1 und 2

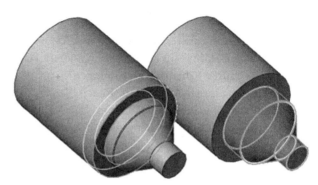

Gehen Sie dabei analog vor: Wählen Sie die betreffenden Flächen aus und stellen Sie einen Funkenspalt von **0,4 mm** ein. (Der Wert ist zwar unrealistisch groß, hat jedoch den Vorteil, dass er sich in der Darstellung deutlicher abzeichnet). Gegebenenfalls müssen Sie im Menü noch die Richtung wechseln, damit Material abgetragen statt aufgesetzt wird. Auch hier werden die angrenzenden Flächen passend getrimmt.

Zum Abschluss betrachten Sie das Ergebnis in der Schnittdarstellung. Machen Sie dazu beide Elemente des Mehrkörperteils sichtbar und legen Sie einen Schnitt durch die Mitte der Bohrung. Der Funkenspalt und die verlängerte Elektrodenspitze zeichnen sich in Abb. 9.7 deutlich ab.

Die hier dargestellte Vorgehensweise können Sie natürlich nicht nur für die Erstellung von Elektroden nutzen, es gibt gerade in der Werkzeugkonstruktion eine Reihe von Anwendungen, beispielsweise die Umsetzung von Toleranzangaben.

Falls Sie mit der Elektrode weiterarbeiten wollen, erzeugen Sie abschließend mit einem Rechtsklick auf den Eintrag im Featurebaum und dem Befehl *In neues Teil einfügen* die Elektrode als eigenständiges Bauteil.

Abb. 9.7 Bearbeitete Elektrode
in der Schnittdarstellung

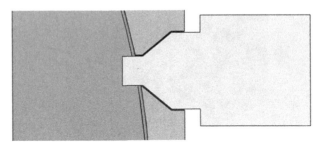

9.1   Konstruktionsübung

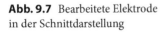

Die Führung von Auswerferstiften soll erodiert werden. Die Maße der Elektrode werden von einem Norm-Stift übernommen und mit Flächenbefehlen angepasst (**Auswerferstift** im Ordner **Konstruktionsübungen**).

- Verlängern Sie den Kopf auf 100 mm.
- Verkürzen Sie die Stange auf 20 mm
- Erzeugen Sie für den Funkenspalt ein Untermaß von 0,2 mm.

Konstruktionsvalidierung durch Simulation $\quad$ 10

10.1 Strukturanalyse (FEM)

Die meisten Eiskratzer überstehen keinen ernstzunehmenden Winter. Gilt das auch für den Vorliegenden?

Um dies herauszufinden, wird, aus SolidWorks heraus, der *SimulationXpress* angewendet. Es handelt sich um die abgespeckte Version des leistungsfähigen Programmpakets SolidWorks-Simulation.

Die Einschränkungen der Leistungsfähigkeit beziehen sich selbstverständlich nicht auf die Richtigkeit des Berechnungsergebnisses, sondern auf die Simulationsarten, die Möglichkeiten zur Aufgabe von Randbedingungen und zur Netzmanipulation. Mit anderen Worten: Wenn es gelingt, den kleinen Bruder geschickt zu füttern, liefert er die gleichen Ergebnisse wie der große.

Öffnen Sie das Modell **Kratzer_FEM1** aus dem Ordner **Kap. 10**. Knopfdrucklösungen gibt es in der FEM weder derzeit, noch sind sie für die Zukunft absehbar. Will heißen: Das Modell muss aufbereitet werden.

In der Realität muss also zumindest eine neue Konfiguration (Rechtsklick im Konfigurationsmanager und *Konfiguration hinzufügen*) angelegt werden. Häufiger wird jedoch, wie im vorliegenden Fall, die Bidirektionalität aufgegeben und das Teil neu abgespeichert.

Die Modellbildung macht es erforderlich, die folgenden drei Fragen zu beantworten:

- Welches Material kommt zum Einsatz?
- Wo und wie erfolgt die Lagerung des Bauteils?
- Welche Lasten werden aufgebracht?

Diesen Fragekatalog gilt es abzuarbeiten und parallel dazu das Modell so aufzubereiten, dass später im SimulationXpress die einzelnen Features nur noch ausgewählt werden müssen.

U. Emmerich, *Spritzgießwerkzeuge mit SolidWorks effektiv konstruieren*,
DOI 10.1007/978-3-658-05063-4_10, © Springer Fachmedien Wiesbaden 2014

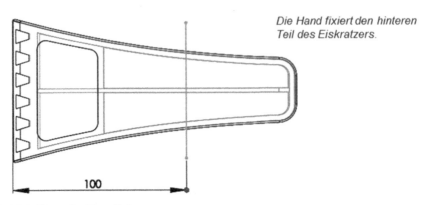

Die Hand fixiert den hinteren Teil des Eiskratzers.

Abb. 10.1 Skizze der Trennlinie

Mit einem Rechtklick auf die Material-Ikone im Featurebaum und dem Befehl *Material bearbeiten* öffnet sich die SolidWorks-Materialdatenbank.

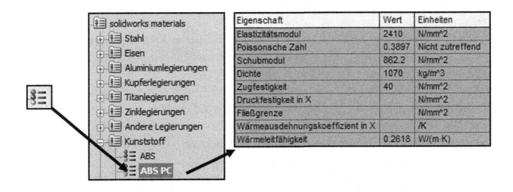

Wählen Sie aus den *Kunststoffen* **ABS PC** aus. In der linearen Newton'schen Mechanik sind die Spannungen von den Materialeigenschaften unabhängig, und so ist der interessanteste Eintrag im Augenblick die Zugfestigkeit **40 N/mm2**.

Anders als bei den Metallen variierte die Zugfestigkeit bei Kunststoffen jedoch unter einer Reihe von Einflussfaktoren stark. Der verantwortungsbewusste Konstrukteur wird also bestrebt sein, zum genannten Wert einen deutlichen Abstand zu lassen.

Die „Lagerung" des Kratzers erfolgt in der Hand des Benutzers. Die Hand wird die hintere Hälfte des Kratzers fixieren.

Solche für die Fixierung geeignete Flächen müssen erst einmal mit dem Feature *Trennlinie* angelegt werden. Skizzieren Sie auf der **Ebene oben**, wie dargestellt, eine Linie, Abb. 10.1.

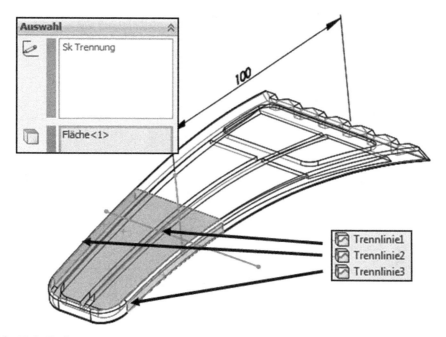

Abb. 10.2 Flächen zum Fixieren

Wählen Sie nun *Einfügen/Kurve/Trennlinie*. Im Dialog des Menüs aktivieren Sie als *Zu projizierende Skizze* die gerade erstellte, und als *Zu trennende Fläche,* die obere Deckfläche des Kratzers.

Mit Abschluss des Befehls haben Sie die Deckfläche in zwei Einzelflächen getrennt. Führen Sie die gleiche Operation auch an den beiden Seitenflächen des Kratzers aus, Abb. 10.2.

Diese drei neu entstandenen Flächen werden in der späteren FEM-Berechnung fixiert.

In einem weiteren Schritt werden, um die Rechenzeit zu verkürzen, häufig jedoch auch, um die Berechenbarkeit überhaupt erst zu ermöglichen, alle nicht strukturrelevanten Details entfernt.

Unterdrücken Sie im Modell des Kratzers, stellvertretend für alle möglichen Detaillierungen, die Schriftzüge.

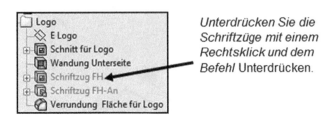

*Unterdrücken Sie die
Schriftzüge mit einem
Rechtsklick und dem
Befehl* Unterdrücken.

Schnee und Eis üben eine Kraft auf die Kante des Kratzers aus. SimulationXpress lässt jedoch nur Kräfte auf Flächen zu. Dies ist eine Einschränkung, von der wir uns jedoch nicht aufhalten lassen. Die Kratzer-Kante erhält eine durchaus realistische Verrundung.

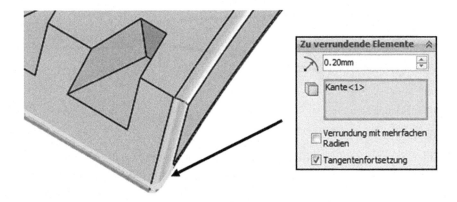

Eine weitere Einschränkung betrifft die Kraftrichtung. Sie muss senkrecht zu einer Referenzebene erfolgen. Im vorliegenden Fall ist dies kein Problem, da die Kraftkomponenten senkrecht zur **Ebene vorne** und **Ebene oben** wirken. Bei einer anders gelagerten Konstruktion wäre jetzt der Zeitpunkt für eine „Neuorientierung" gekommen.

Die Vorarbeiten sind abgeschlossen. Starten Sie SimulationXpress (*Extras/SimulationXpress*). Sie werden durch einen mehrstufigen Assistenten geführt, der der Reihe nach abgearbeitet wird.

In der Registerkarte *Willkommen* befinden sich die Schalter *Neustarten* und *Optionen*. Stellen Sie in den *Optionen* sicher, dass das **SI-Einheitensystem** aktiv ist, und wählen Sie einen Ablageort für Ergebnisse, an dem Sie Schreibrechte besitzen. Den Neustart-Knopf betätigen Sie nach jeder Modelländerung, dies ist häufiger der Fall, als man zunächst einmal vermuten möchte.

Die Registerkarte *Material* öffnet die SolidWorks-Materialdatenbank. Wählen Sie **ABS-PC**. Daraufhin erscheint der Warnhinweis **Die Fließgrenze ist für dieses Material nicht definiert**.

Nach einigen vergeblichen Versuchen, ein vergleichbares Material mit Fließgrenze zu finden, stellt sich heraus, dass der Warnhinweis zum Standard-Repertoire gehört. Es ist offenbar der schwache Versuch, die komplexe Werkstoffkunde der Thermoplaste in einen einzigen, unverbindlichen Satz zu packen. Wir werden später, bei der Beurteilung der Ergebnisse, auf das Problem zurückkommen.

Über die Registerkarte *Einspannungen* wird die Lagerung des Bauteils festgelegt. Im Dialogfeld benennen Sie den Lagersatz **Hand** und wählen die drei neu angelegten Flächen aus.

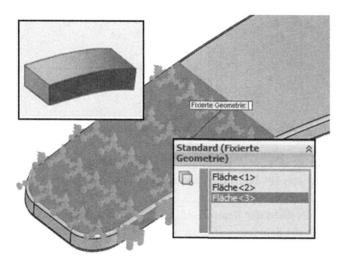

Weitere Einspannungen liegen nicht vor. Wählen sie daher im Task-Fensterbereich *Weiter*.

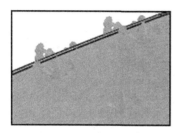

Gesperrte Freiheitsgrade werden durch kleine Pfeile symbolisiert.

In der Registerkarte *Lasten* wird der *Typ* **Kraft** gewählt. Hier benötigen Sie zwei Lastsätze, da die Kräfte jeweils senkrecht auf Referenzebenen wirken müssen. Auch dies ist keine

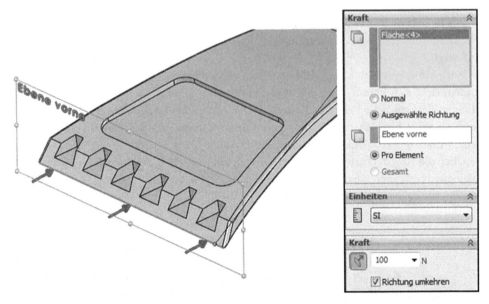

Abb. 10.3 Lastsatz 1

echte Einschränkung, da Kraftvektoren nach den Regeln der Mechanik beliebig zerlegt werden können.

Legen Sie einen ersten Lastsatz gemäß der Abbildung an. Er symbolisiert einen kräftigen Autofahrer, der mit einer Kraft von **100 N** parallel zur Autoscheibe (d. h. senkrecht zur **Ebene vorne**) arbeitet, Abb. 10.3.

Für ein positives Arbeitsergebnis muss der Kratzer auf die Autoscheibe gedrückt werden – aus der Sicht der Statik übt die Scheibe eine Kraft auf den Kratzer aus. Legen Sie einen weiteren Lastsatz, wie in Abb. 10.4 dargestellt, mit der Referenzebene **Ebene oben** und eine Anpresskraft von **50 N** an.

(Bei diesem Kraftniveau, und das muss bei der Beurteilung der Ergebnisse berücksichtigt werden, handelt es sich schon um einen recht kräftigen Autofahrer).

Über die folgende Registerkarte *Simulation ausführen* schicken Sie die Berechnung ab. Das Berechnungsmodul (Solver) von SimulationXpress löst das entstandene Gleichungssystem. Aufgrund der Vorarbeit handelt es sich um ein eher kleines Rechenmodell, welches in Sekunden zur Lösung kommt. (Wären die Schriftzüge nicht gelöscht worden, betrügen Elementanzahl und Rechenzeit jedoch ein Mehrfaches).

Halten Sie die Animation an. In der vorliegenden Anwendung interessiert von den Ergebnissen einzig die Spannungsverteilung. Es wird die Von-Mises-Vergleichsspannung in der Einheit N/mm^2 ausgegeben. („Von-Mises-Stress" ist die englische Bezeichnung für die „Vergleichsspannung nach der Gestaltänderungshypothese"). Umgerechnet beträgt die maximale Spannung rund **40 N/mm2** und tritt an der markierten Stelle auf, Abb. 10.5.

Dies bringt den Konstrukteur zum üblicherweise schwierigsten Teil der FEM-Berechnung – der Interpretation der Ergebnisse.

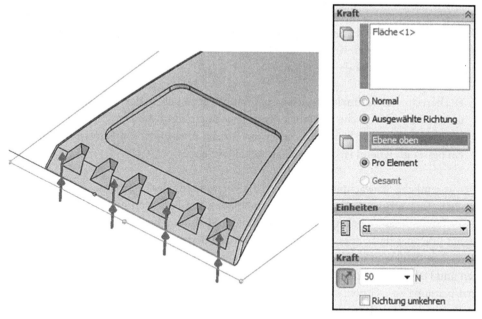

Abb. 10.4 Lastsatz 2

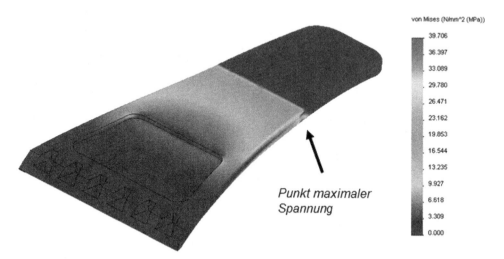

Abb. 10.5 Ergebnis der linearen FEM-Berechnung

„Hält das Bauteil denn auch?", von dieser Frage aus wurde die Analyse aufgebaut. Eine verantwortungsbewusste Antwort kann nur lauten: „Übliche Belastungen werden ertragen, aber unter erhöhten Kraftaufwand kann es zum Bruch kommen."

Die Gründe dafür sind:

• Die berechnete maximale Vergleichsspannung liegt zu nah an der Zugfestigkeit des Materials. Die rechnerische Sicherheit gegen Bruch beträgt ca. 1.
• Die Zugfestigkeit ist kein gutes Kriterium für die Auslegung von Kunststoffbauteilen, ein besser geeignetes ist die (unbekannte) Fließgrenze.

Der wesentliche Schwachpunkt ist jedoch die Verwendung des linearelastischen Materialmodells. Eine seriöse Auslegung von thermoplastischen Bauteilen sollte die Nichtlinearität der Spannungs-Dehnungs-Kurve bei erhöhter Spannung berücksichtigen. Vereinfacht gesagt führt das dazu, dass, gegenüber der linearen Berechnung, in schwachbeanspruchte Bereichen die Spannungen sinken, in ohnehin stark beanspruchten Bereichen Spannungen und Dehnungen jedoch zunehmen. Es ist also in der Realität mit einer höheren Maximalspannung zu rechnen.

Vergleichen Sie dazu einmal die „richtigen" Ergebnisse. Die Berechnung wurde mit SolidWorks-Simulation und nichtlinearelastischem Materialverhalten in unserer Fakultät durchgeführt.

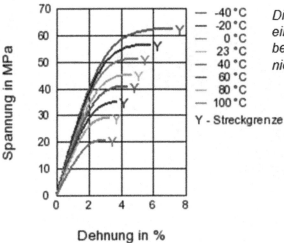

Die Spannungs-Dehnungskurve eines realen ABS-PC bei 0 °C ist bei höheren Belastungen stark nichtlinear.

Bayblend T65HI, Produktdatenblatt, Campusplastics.com, 24.9.2013

Zunächst wurde das nichtlineare Spannungs-Dehnungs-Verhalten eines ABS-PC zugrunde gelegt.

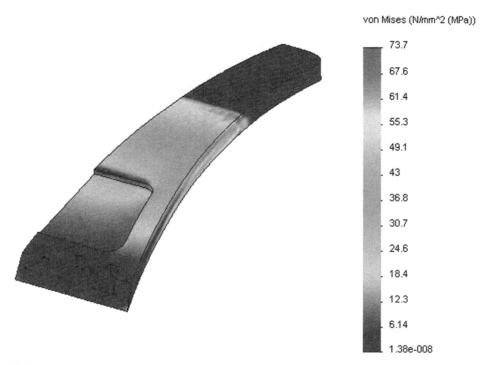

Abb. 10.6 Ergebnis der nichtlinearen FEM-Berechnung

Erinnern Sie sich noch an den Warnhinweis „Die Fließgrenze ist für dieses Material nicht definiert?" Die Grafik veranschaulicht, warum dies so ist: Die Kurven zeigen praktisch von Beginn an plastisches Verhalten. Das heißt, es muss schon bei geringer Belastung mit Fließen gerechnet werden.

Des Weiteren ist die starke Temperaturabhängigkeit der mechanischen Kennwerte zu beachten. Bei tieferen Temperaturen wird das Material fester – also ein Vorteil für unsere Anwendung.

Auf der Basis der 0°-Kurve wurde die Festigkeitsberechnung des Kratzers unter sonst gleichen Randbedingungen durchgeführt.

Die maximale berechnete Spannung der nichtlinearen Analyse beträgt ca. 70 N/mm², liegt also rund 70 % höher als die lineare Berechnung mit SimulationXpress vermuten ließ (und übersteigt somit die Zugfestigkeit), Abb. 10.6. Darum sind die linearen Berechnungsergebnisse nicht falsch – man muss sie allerdings richtig zu interpretieren wissen.

An dieser Stelle muss noch ein anderes Problem angesprochen werden: Trotz bester Vorarbeit ist es nicht ungewöhnlich, dass das Berechnungsmodul (Solver) mit einer Fehlermeldung abbricht.

In diesem Fall ist der erste Lösungsansatz der folgende: In der Registerkarte *Ausführen* befindet sich der Schalter *Einstellungen ändern*. Wählen Sie eine kleinere Elementgröße, bzw. eine feinere Vernetzung.

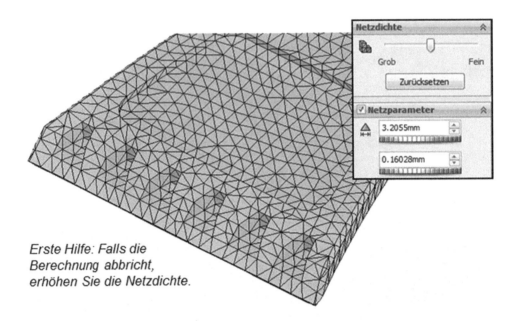

Erste Hilfe: Falls die
Berechnung abbricht,
erhöhen Sie die Netzdichte.

Es soll aber nicht verschwiegen werden, dass bei komplexeren Problemen die Lösungs-
möglichkeiten mit dem SimulationXpress bald erschöpft sind.

10.2 Fließsimulation

Werkzeugkonstruktion – Abmustern – Änderungsschleifen. Diese Vorgehensweise sollte
der Vergangenheit angehören. Damit das Werkzeug im ersten Wurf gelingt, wird die Fließsimulation eingesetzt. Dabei ist der Zeitpunkt entscheidend: Damit nicht nur nachgerech-
net wird, warum das Kind in den Brunnen gefallen ist, muss die Fließsimulation vor oder
während der Werkzeugkonstruktion durchgeführt werden. (Insofern müsste dieses Kapitel
ganz am Anfang des Buches stehen).

Im SolidWorks-Programmpaket befindet sich *SolidWorks Plastics*. Es handelt sich um
das abgespeckte **SimpoeWorks** der Fa. Simpoe S.A.S. Die hauptsächliche Einschränkung
besteht darin, dass keine Verzugsberechnung möglich ist.

Öffnen Sie das Modell **KratzerF** aus dem Ordner **Kap. 10**. Anders als bei der Struktur-
analyse ist es bei einer Fließsimulation nicht sinnvoll, die Detaillierung zu löschen. Die
Qualität des Werkzeugs hängt ja gerade maßgeblich vom „Kleinzeug", der Ausprägung von
Schriftzügen, Rasthaken, etc. ab.

Stattdessen bezieht sich die Aufbereitung des Modells auf den Anspritzpunkt. Zwar
kann irgendwo auf das Modell geklickt werden; soll es aber genauer sein, wird ein ausge-
richteter Netzknotenpunkt benötigt.

Konstruieren Sie dazu einen Punkt auf der Mittelebene des Kratzers, der *deckungsgleich*
zur Oberfläche des Kratzers liegt, Abb. 10.7.

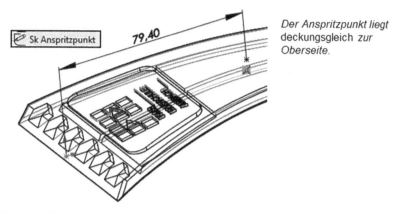

Der Anspritzpunkt liegt deckungsgleich *zur* Oberseite.

Abb. 10.7 Sizze des Anspritzpunktes

Wählen Sie nun noch im Hauptmenü die Voreinstellung *Ansicht/Punkte* damit im Folgenden der einzelne Punkt im Grafikbereich überhaupt angezeigt wird. Damit ist die Vorbereitung konstruktionsseitig abgeschlossen.

Starten Sie die Zusatzanwendung mit *Extras/Zusatzanwendungen/SolidWorks Plastics*. Es wird ein weiterer Reiter, der *PlasticsManager* angelegt. Die Aufgabe des Anwenders besteht darin, ihn vollständig zu befüllen.

Legen Sie als erstes ein **Oberlächennetz** an (Doppelklick auf *Netz/Oberfläche* und Auswahl der Option **Auto**). Nach erfolgter Vernetzung wird im Grafikbereich das Ergebnis angezeigt: Es entstehen ca. 10.000 Elemente und ca. 5.000 Knoten.

Die Netzdarstellung lässt sich mit *SolidWorksPlastics/Netz anzeigen* an und wieder abschalten. Auf den ersten Blick erscheint die Vernetzung gar nicht schlecht, und auch ein Heranzoomen des Schriftzuges zeigt, dass die Details ausreichend abgebildet werden.

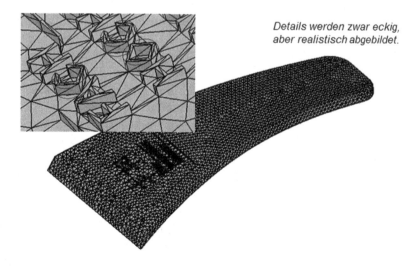

Details werden zwar eckig, aber realistisch abgebildet.

Häufig wird der Fall eingetreten sein, dass keiner der Netzknoten ausreichend nah am gewünschten Anspritzpunkt liegt. Wählen Sie die Draufsicht auf das Bauteil und zoomen den Bereich um den Anspritzpunkt heran. Starten Sie den Befehl *Netz/bearbeiten*. In dem sich nun öffnenden Menü befindet sich der Befehl *Knoten einstellen*.

In der folgenden Maske wählen Sie die Optionen auf Netz verschieben, picken den nächstliegenden Knoten an und schieben ihn auf den gewünschten Anspritzpunkt.

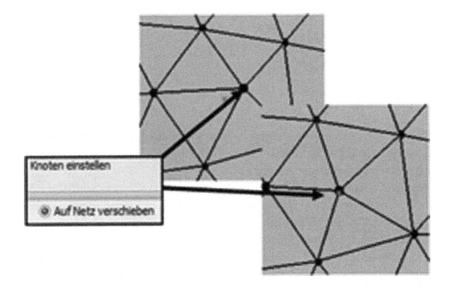

Nun geht es daran, den Anspritzpunkt anzulegen. Doppelklicken Sie auf den Befehl *Anspritzpunkt* und wählen *Anspritzpunkt hinzufügen* (die linke Ikone). Wählen Sie nun den Skizzenpunkt und *Durchmesser* **3 mm**. Nach Abschluss des Befehls wird der Anspritzpunkt angelegt, Abb. 10.8.

Zur Vervollständigung der *PlasticManagers* wird unter *Eingabe/Material/Kunststoff* ein **ABS + PC Generic Material** und unter Eingabe/Maschine gemäß unserer Arbeitsumgebung eine **Systec 35/320** gewählt. Mehr Eingaben sind fürs erste nicht notwendig. Mit *Starten/flow + pack* lassen Sie die Berechnung durchführen.

Als Ergebnis der Berechnungen liefert Ihnen SolidWorks Plastics Antworten in Form von Grafiken auf viele Fragen, die die Werkzeugkonstruktion an Ihre Konstruktion stellt. Die Grafiken zu interpretieren, ist dann wieder die Aufgabe des Werkzeugkonstrukteurs.

Aber auch hier werden Sie durch den Ergebnisberater unterstützt (*Ergebnisse/Berater*). Nach der vorliegenden Berechnung lesen Sie zum Beispiel: „This part can be successfully filled with injection pressure 13.1 Mpa. and clamp force of 5.56 Tonne … .The injection pressure is less than 66 % of the max injection pressure limit, this's a good thing", Abb. 10.9.

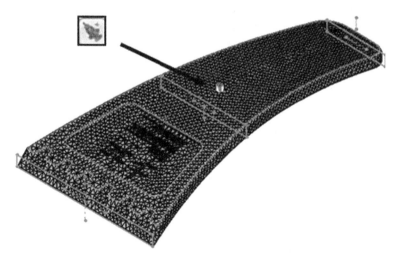

Abb. 10.8 Netz mit Anspritzpunkt

Die Darstellung der Schmelzfront (Zeit)
*belegt, dass die maximalen Fließweglängen
optimal eingestellt wurden und dass sich das
Werkzeug befüllen lässt.*

Abb. 10.9 Ergebnisse aus SolidWorks Plastics

10.3   Konstruktionsübung

Führen Sie für eine thermoplastische Klammer (Ordner **Konstruktionsübungen**: **Klammer**) eine Konstruktionsvalidierung durch:

Berechnung einer Klammer mit SimulationXpress

- Bereiten Sie das Modell geeignet auf.
- Legen Sie Flächen für die Einspannung und für die Verformung fest.
- Wählen Sie als Material ein PP.
- Ermitteln Sie die auftretenden Spannungen.
- Beurteilen Sie das Ergebnis.

Berechnung einer Klammer mit SolidWorksPlastics

- Bereiten Sie das Modell geeignet auf.
- Legen Sie einen geeigneten Anspritzpunkt fest.
- Wählen Sie als Material ein PP.
- Führen Sie die Simulation aus.
- Beurteilen Sie das Ergebnis.

Nach dem Spiel ist vor dem Spiel

Damit sind Sie am Ende der Werkzeugauslegung und gleichzeitig auch am Schluss des Buches angekommen.

Es ist ein weiter Weg vom Dateneingang des Formteils bis zur Werkzeugzeichnung und Elektrodenableitung. Er erfordert vom Konstrukteur eine hohe Kompetenz. Nicht nur im Umgang mit dem CAD-Programm SolidWorks. Mindestens im gleichen Maß sind die Kenntnis von Formwerkzeugen, das Verhalten thermoplastischer Kunststoffe und der geschickte Umgang mit Normalien notwendig.

Sich diese Kompetenz zu erarbeiten, ist sicherlich nicht immer leicht. Doch Wissen ist bekanntlich der beste Garant für beruflichen Erfolg.

Ich hoffe, dieses Buch hilft Ihnen auf diesem Weg. Es erhebt keinen Anspruch auf Vollständigkeit, ich habe es bewusst als Lehrgang aufgebaut.

Dennoch bin ich überzeugt, dass es, ausgehend vom beschriebenen Zwei-Platten-Werkzeug nach und nach möglich ist, sich in jede noch so aufwendige Werkzeugkonstruktion einzuarbeiten.

Und somit ist das Spiel an dieser Stelle nicht zu Ende; es beginnt eigentlich erst richtig.

Sachverzeichnis

U. Emmerich, *Spritzgießwerkzeuge mit SolidWorks effektiv konstruieren*,
DOI 10.1007/978-3-658-05063-4, © Springer Fachmedien Wiesbaden 2014